别在动脑子的时候动感情

刘　斌◎著

吉林文史出版社
JILINWENSHICHUBANSHE

图书在版编目（C I P）数据

别在动脑子的时候动感情 / 刘斌著 . -- 长春 : 吉林文史出版社 , 2017.6
ISBN 978-7-5472-4249-0

Ⅰ . ①别… Ⅱ . ①刘… Ⅲ . ①人生哲学－通俗读物 Ⅳ . ① B821-49

中国版本图书馆 CIP 数据核字 (2017) 第 119958 号

别在动脑子的时候动感情

著　　者　刘　斌
责任编辑　吴　枫　孙佳琪
封面设计　金刚设计
出版发行　吉林文史出版社
地　　址　长春市人民大街 4646 号　　邮编：130021
网　　址　www.jlws.com.cn
印　　刷　三河市兴国印务有限公司
开　　本　710mm×1000mm　1/16
印　　张　14.5
字　　数　194 千
版　　次　2017 年 6 月第 1 版　　2017 年 6 月第 1 次印刷
书　　号　ISBN 978-7-5472-4249-0
定　　价　39.80 元

目录
CONTENTS · 01

第1章 莫因一时冲动，做出错误的决策

第2章 男怕入错行，求职要理性

第 3 章 选择靠谱儿老板，莫要感情用事

第 4 章 理性对待上司，正确处理关系

第 5 章 玩不起的办公室恋情

第 6 章 作为领导者，头脑要冷静

第 7 章 时刻保持清醒，才能赢得竞争

第 8 章 保持平和的心态，寻求双赢智慧

第 9 章 理智对待生活，牢牢抓住幸福

Part 01

第一章

莫因一时冲动，做出错误的决策

在现实生活中，很多令我们追悔莫及的错误决策，都是在一时冲动之下做出的。如果我们能在决策之前及时刹车，保持最冷静的头脑，那么一切悲剧都不会出现。

打工还是创业，一定要想清楚

如果你曾经看过走钢丝的杂技表演，你会发现，杂技演员都是双脚走一根钢丝，没有同时两根钢丝横在半空、一脚走一根的情况。为什么？因为两根钢丝比一根更不容易保持平衡。

可在现实生活中，却有不少人在同时走两根，甚至更多根钢丝。其中，身在职场心在创业就是最常见的一种。能够同时走两根钢丝的人必定是高手，但就算高手，最终也只能选其中一根来走。当断不断的后果，就是一根也走不成，最后在钢丝上惨淡收场。

小张和小李同一天入职一家知名外企，分别担任不同分公司的经理。小张在好几家不同行业、不同类型的公司工作过，所有与他共事过的人，对他的评价都是聪明、有创意、潜力股，却不是太成熟。他希望通过打工学习经验，如果时机成熟，便自立门户做老板，大展拳脚闯出一片新天地。小李之前在两家外企工作，平均每家企业工作四年。相比小张，他显得才智平凡，凡事循规蹈矩。对于将来，他清楚地知道自己不具备独立创业的素质和能力，认定职业经理人才是最适合自己的路，他有着清晰的职业目标和规划。

两个人的职位相同，工作内容相同，工作业绩也不相上下，但两个人的表现方式却大相径庭。小张本着学习经验为创业做准备的心态，仅仅关注工作的质量和个人的成长，对于大企业常有的一些规范和礼仪，都持无所谓的态度，他常想，反正将来他是要自己创业的，这些俗套没什么用。但有时他也觉得这家公司还不错，长期做下去也可以。无所谓的态度和聪明、创意相结合，使他很快成为企业上下公认的“怪才"。小李则时刻注意自己的言行，只要有同事在场，无论什么场合，说话都是开会讨论总结发言的风格。虽然在小张眼里，小李是一个有点儿虚伪的人，但他的成熟得体，为公司上下所认同。

时光如梭，小李被提拔为区域经理，成为小张的直接上司。小张对这次提拔颇为不满，因为无论从工作的哪个角度来看，他认为自己做得都不比小李差，甚至在很多方面自己的能力和业绩更胜一筹。但长期以来，老板们好像只看见小李的成绩，对小张所做的一切都熟视无睹。当然，小张很快就自我放松了，反正自己最终是要创业的，而小李则是要做个职业经理人，各有所求，无所谓。但当小张再认真思考时，才发觉自己离创业的目标依然很远。因为他只是想创业，却没有真正为创业做过实际准备。再看看现在这份工作各方面都不错，创业的冲动似乎也不再那么强烈。小张开始困惑了，以后的路，自己到底应该何去何从……

打工和创业就像两根不同的钢丝，如果你不一心一意只走一根钢丝，后果就是自寻死路。企业为什么提拔的是小李而不是小张，原因当然还有很多，但其中很重要的一个原因就是小张自己的想法干扰了自己。打工不如意的时候，就想着自己还有一条后路去创业，创业没机会的时候又想着自己还能旱涝保收地打工。抱着这种想法和心态，就算打工的业绩不错，但细节和态度上必然有不好的表现，这种表现就足以让小张失去晋升的机会。

近年来，跳槽的人似乎越来越多，一问之下，几乎异口同声地说去读书。经常有朋友这样告诉我，问为什么，回答说现在工作不如意。再问那你想以后怎么办，朋友说读完了再找个待遇好的工作，有机会就自己创业。每当听到这样的回答，我的第一个反应就是，又一个一事无成的人就此诞生。创业这件事情并非是人人都能做的，更不是人人都能成功的。实际上，创业有它的特殊要求。

说白了，读书与创业之间并没有什么必然的联系。我也不明白所谓“待遇好”的工作与创业之间有什么必然关系，如果你总是想着打工只是临时的，既不好好工作，也不下定决心去创业，那就一定要搞清楚，你最终想做什么样的人，看看我们周围，打工也没打好、创业也没创成的人实在是太多了。

因此，究竟是打工还是创业，这种问题最好早点儿想清楚，一旦想明白了就不要再胡思乱想了，赶紧行动起来，老老实实去走自己那根“钢丝”吧！

买房还是投资，一定要想明白

不管你在哪里，都要有一个住所，这是做任何事情的前提。对于正在准备结婚的年轻人来说，房子似乎是必不可少的了。有了工作之后，买房的问题就摆在眼前。因为没有哪个人能够承受裸婚带来的困扰。即使老婆愿意，她的家人呢？别人会怎么看？孩子以后怎么办？一系列的问题不能不面对。下面来看一个故事；

一个男生 21 岁从某名牌大学金融系毕业，毕业后并没有顺利地在大城市找到工作，便回到老家，在一家证券公司当一名普通员工。

一年以后，他遇到了自己喜欢的女孩，并向她求了婚。当女孩向他提起了房子的问题时，男孩就告诉她现在自己的所有财产只有 1 万多。怎么使用这笔钱，他给了女孩两个选择，一是拿这笔钱买个小房子，再从零开始奋斗；二是拿去投资，等赚了钱再买大些的房子。男孩给的这两个选择，女孩没有选择第一个，而是选择了后者。

他们俩租了个房子就结婚了，房子实在是太破了，虽然还能遮风避雨，但是每天晚上都会有很多老鼠光顾。结婚一年后他们生了个女孩，还是没买房。四年后，他的事业终于有了点起色——成为一个投资公司的合伙人。在第六年之后，他终于站稳了脚跟，收入也开始稳定起来。这时他开始买了套属于自己的房子，不过房子并不大，也很普通，却足够他们一家人居住了。32 岁那年，他终于赚到了第一个 100 万。不过他的朋友们这时都已经住上了比他好得多的房子。他没去攀比住房，而是拿这笔钱继续做投资生意。

你觉得他这样做合理吗？是你乐意选择的吗？

其实这个故事并不是我编撰的，而是在叙述一个真实的故事。这位金融系毕业的男生其实是大家认识的人，他就是巴菲特，不用说你也明白了，那个女孩子就是巴菲特的妻子苏珊。

1951 年，巴菲特在哥伦比亚大学毕业。哥伦比亚大学虽是名校，但是这没有让巴菲特在纽约找到一份工作，无奈之下，他回到了老家奥马哈做股票经纪人，这并不是什么高级职务，其实，在今天就相当于证券公司的一名普通员工。

1952 年，巴菲特遇到了自己喜欢的姑娘苏珊。据说巴菲特在结婚的时候跟苏珊说："亲爱的，现在给你两个选择，我工作一年就攒下来了 1 万多美金，一是花 1 万美金买套小房子，二是拿这 1 万美金让我去投资，过几年买套大房子。"

苏珊相信了他，1952 年她和巴菲特租了一套两室一厅结婚了。1953年他们生了第一个女儿。1956 年，也就是在租来的房中住了 4 年后，26 岁的巴菲特成立巴菲特联合有限公司（BuffettAssociates, Ltd.），开始了自己的创业征途。1958 年，巴菲特的投资进入成长期，利润逐渐稳定，这时他买了房子：位于奥马哈的一座灰色小楼，当时花了 3.15 万美元。10 年后，巴菲特赚到了自己人生的第一个 100 万。2008 年他的财产达到 620 亿美元，在世界富豪中首屈一指，成为世界首富。

现在的年轻人工作后的第一件事情就是买房子，这似乎是天经地义的。其实不然，对于年轻人，这或许是他人生中第一个大错误。马云没有像其他人那样，拿自己仅有的钱去买房子，而是创办了现在的网络公司，成为亿万富豪。假如当初他把钱拿去买房，对于他无疑是一个大错误。年轻人前途无限，如果鼠目寸光，只会碌碌无为一辈子。

一套房子消灭一个“巴菲特”

没有房子不结婚，这是自古以来中国人的旧观念，已经不再适应现在的社会生活。但是，在社会中占据统治地位的仍然是中老年人，是家长制。新时代的年轻人还没有完全开辟出完全属于自己的新天地。所以，现在社会的主流观念并不是年轻人的新观念，而是旧观念。

事实上，年轻人仍然处于被束缚的位置，表现之一就是对住房观念未改变——不能承受裸婚。通过巴菲特的成长故事，我们能看到一个真正的股神——苏珊，她选择了潜力股巴菲特，也选择了另一个潜力股：为未来的更加美好而裸婚。

她为巴菲特做了最重要的一次投资决策：投资自己，而不是投资房子！如果当年苏珊选择了拿那一万多美元去买房子，估计就没有了现在的巴菲特。即使是股神这样的天才，也需要一个十年发展机会。人生的未来需要时间来铺垫，而有远见的选择是需要魄力的，否则，一套房子就可以消灭一个巴菲特，而裸婚却成就了一个世界首富。

你是否能够意识到这样一个事实：年轻的时候买一套房子可能就是在出卖自己的梦想。我们来做一个这样的试验。

试验中涉及两个人，我们暂时分别称为小臣和小君，他们生活的城市设定为北京。他们同时毕业于一个学校、一个专业，又在同一家企业工作。两年后，两人的月收入都达到了 5000 元，工作稳定之后，他们开始考虑买房子的事情。

为了方便，他们决定在单位的班车路线上买房，单位的班车通过北京六环的一个地方，房价 1.2 万每平方米，户型是 80 平方米两室。

两个家庭都能够支付得起35万元左右的首付，如果按照30年房贷算下来，按分期付款，每月支付大概3000元左右。

月付3000元，对于月稳定收入在5000元的人来说是可以支付得起的。权衡之后，小臣决定买房，而小君决定拿这些钱投资自己。

不同的选择自然会产生不同的效果。半年以后，小臣和小君的收入分配产生了差异。小臣住在自己的房子里，每天坐班车上班。小君在公司附近租了一间房子，每月需要支付1500元。我们来比较一下小臣和小君每月的收入和支出情况。

买房的小臣

月收入：5000元

月支出：3000元房贷；1200元生活费，包括衣服日用品等；机动费用500元，共计4700元，每月结余300元。

租房的小君

月收入：5000元

月支出：房租支付1500元；生活费包括衣服日用品等计1200元，机动费用500元，共计3200元，月剩余1800元。

小臣每个月只有300元节余，这点儿钱，在生活上，对他来说无疑形成了危机，危机的存在让他每次花费都要精心地盘算，小心翼翼，避免所有的大额消费。如此生活，他就安慰自己："房子已经有了，生活上的艰难熬一熬就过去了！"

小君存下了所有能够节省下的钱，把这些钱全部投资在了自己的身上，因为他觉得年轻人投资职业才是最重要的。他报名参加了几个认证和能力培训班，并找经理要了一个书单，购买了所有自己需要的书。这些并不能花掉他所有的积蓄，剩下的钱他就拿出一部分来做活动基金。他认为在课程学习中结识人脉是很重要的，不亚于课程学习的重要性。但是，人脉需要持续的活动来维系，那就需要资金的投入。

买房的人和租房的人

从投资上来说：假设买房的人是个学习狂，每月结余的 300 元，拿 200 元用来学习，一年的学习投入就是 2400 元。而选择租房的人，每月可以投入 1200 元，那么一年用于自我学习的花费就高达 1.4 万元。正所谓一分投入一分收获，下面看看相应的能力提升。

从获得的能力上来说，购房的人只有在单位培训中获得提升，至于认证培训，则上不起。而租房的人呢，能力课程一个 2000 元（口语、沟通、销售、情商等），购书 18 本 400 元，活动基金不用于单位培训中。一个认证培训 4000 元，两个能力课程 4000 元，购书 30 本 1500 元。两相比较之下，租房者的能力提升无疑是巨大的。

从获得的人脉资源上来说，购房人每月的活动经费少得可怜，几乎可以忽略不计，而租房人每月的活动基金是 400 元。要知道，人脉若不维护，则只能保持 5%，即 100 人之中可以维持与 5 个人的关系。假如认证、培训课程平均每次认识 200 人，通过活动费用维护，就可以保持在 30%，也就是 60 人。

投入就有回报，几年后，小君的投资收到了成效。每年他都会参加一个认证，相应地，简历上每年都会增加一个认证来表明他的能力的提高。通过学习，小君的能力越来越突出，机会只会降临在有准备的人身上，自然而然，机会对小君来说已经越来越多。不仅能力多了，机会多了，人脉圈子也越来越广。

慢慢地，人脉在他周围形成了一个资源圈，朋友遍布各行各业。这样，小君逐渐成了公司资源的中心，甚至领导也会借助他的人脉来做事。

除此之外，为了使自己再上一层楼，小君还在准备读 MBA。当然，小臣也不差，他也很努力地工作，不过是被房贷逼迫，工作似乎更是为了卸下房贷这个重担。他慢慢意识到学习的重要性，因为他明显地感觉到，自己花一个月的时间去辛苦工作所得来的体会，在小君的课堂上，老师轻轻松松的一句话就点到了。苦于囊中羞涩，他没有能力去上培训班。更糟糕的是，由于自己的房子离公司太远，每天回到家都已经很晚了，稍微休息一下就该睡觉了，没有更多的精力去学习，只能感叹时间太少。

仅仅是这样一个对于购房还是租房的选择，在升职加薪方面就造成了很大的影响。小君得益于他的不断学习而得来的知识储备和宽广的人脉，他升职的速度几乎是小臣的两倍。现在再做一个假设：假设小臣的升职速度是每 3 年一次，小君则是每 1.5 年一次。如果职位上每升高一级，收入增加 1.5 倍，一年领 13 个月的薪水，这样过去 10 年，那么，小臣的年薪是 19.5 万，而小君的年薪则高达 68 万。

10 年过去了，10 年后的小君和小臣都有了自己的发展。小臣在自己的公司做到了经理位置，年薪大概是 20 万。而小君呢，他没有待在一个公司 10 年，他在第五年就升到了经理这个职位，不过他还是跳槽到了另外一家企业，从经理做到了总监，之后又与两个朋友一起创业，现在持有公司的相当一部分股份，年薪大概 68 万。

从职业发展理论来说，一个成功的职业发展人士，10 年后一个月的收入应该是 10 年前一年收入的十倍。现在小臣的房贷还得差不多了，本来预计 30 年还清的房贷，10 年内就彻底还清了。小君现在一年的收入是小臣的三倍还要多，小君未来的平台和前景，远远不是小臣所能够比拟的。小君的学习使得他的专业能力和交际能力一直处于上升期，他的竞争开始进入了资源层面。人是在学习中进步的，小臣此时不得不面对能力下降的瓶颈。

小君与小臣的另一个重大差距是：小君有过两次跳槽，而小臣则是小心谨慎，不敢随便辞职跳槽，因为他被每月必须支付的房贷捆住了，让他不敢冒这个风险。在这个变化莫测的社会里，两次的跳槽让小君获得了两次的快速成长。

因为在一个公司或者行业待 10 年只能有一个快速成长期，如果想要获得多次成长期，则要多次改变——改变职业或是改变工作环境。

下面是小君和小臣之间的一些比较数据，此时可以看出机会的存在。

小臣月存款 300 元，小君月存款 1800 元；

小臣月支出 4700 元，小君月支出 3200 元。

如果期间出现了一个很好的工作机会，不过有三个月的试用期，试用期内月工资 3000 元，通过后就是每个月 6000 元。

小臣三个月需要 4700 元乘以 3，等于 14100 元，而每个月减去 3000 元的试用期工资，也就是小臣每个月要自己另外掏腰包去支付 1700 元的月消费，3 个月就是 5100 元，如果小臣想要跳槽获得这份工资更高的工作，那么，5100 元除以每月结余的 300 元，就是 17 个月，也就是小臣为了跳槽要在原公司工作至少 17 个月之后才具备跳槽的储备金。

小君呢，每月支出 3200 元，因为跳槽后前三个月每月有 3000 元的工资，那么根据小君的月消费，他只要在跳槽前准备好三个月多出来的 600 元储备金，而小君一个月的结余就是 1800 元，那么，小君为跳槽只要准备一个月就足够了。

小臣为跳槽需要准备 17 个月，而小君只需要准备 1 个月，这对已经工作的小君来说，是不需要准备什么的，随时可以跳槽，就可以把握住跳槽的机会。小臣因为房贷每月需要多支出 1500 元，限制了他在 17 个月内跳槽的机会。

假如还有一个创业机会，前景很好，条件是第一年内，每月只有 2000 元工资。这个对于小臣就是一个永远不能得到的机会，因为他为此要准备整整 9 年时间，因为种种变故，计算的总是最小的投入，所以一个 10 年期内，小臣跳槽去创业是不可能实现的。而小君为此只要准备 8 个月。

由此可见，不购房的人一个月之内就可以跳槽到新的行业和公司，承担跳槽的短暂压力，来获得更好的发展机会。不购房的人只要准备 8 个月就可以尝试创业，而购房者则永远远离了这些机会。

这个例子和例子里这么多的数字，其实就是在说明一个道理：一套房子毁灭一个梦想，束缚住一个人前进的脚步和选择的自由。刚开始工作的前十年是人的一生中学习和成长最快的十年，这十年决定了人的一生。正所谓三十而立，工作的前十年是确定道路的十年。如果你有一份工作，每月收入 5000 元，你用 20 年的贷款买了一栋最一般的房子。那么，接下来十年，在需要寻找道路、确立自己并开始尝试创业的时候，你与这一切远离了。这些过早的购房者错过了创业、转换行业和快速升职的机会。

不买房，买梦想

可以看看国内大部分创业者的成功档案，会发现他们都在最适合创业的年代，选择了创业而不是买房。

1998 年马化腾等 5 人凑足了 50 万，创办腾讯，没买房；

1998 年史玉柱借了 50 万生产脑白金，没买房；

1999 年丁磊用 50 万创办了网易 163，没买房；

1999 年陈天桥用炒股赚来的 50 万创办了盛大游戏，没买房；

1999 年马云等 18 人凑足 50 万，注册了阿里巴巴，没买房。

他们之所以成功可能不是因为没买房，但是反过来说，如果他们把辛苦得来的 50 万用来买房子，那么则很难有现在的成功。

为什么都是 50 万？当时的《公司法》规定，注册公司最低资金是 50 万。当时深圳的房价平均在 3000 元左右。拿马化腾来说，50 万之中，他当时持股 47.5%，23.8 万元。1998 年，在深圳可以支付一个约 80 平方米的房子，这种户型的房子足以是一个体面的新婚住房。但是马化腾做出的选择是：不买房，买梦想。正是这，给了他成功的机会。

无独有偶，奇怪的是，作为量子基金创始人之一的投资大鳄罗杰斯，他创业之前也没有买房子，而是在量子基金成功运转第七年后才耗资 10 万美元买下了一栋百年老宅。

音乐人高晓松结了婚还是租房住，有人对此不能理解，因为他不是买不起房子，而是有意为之。“为什么结了婚还不买房？”有人问高晓松。高晓松回答：“我不买房，全天下都是我的，想住哪儿就住哪儿，买了房就只剩一个角落是我的，我妹也没买房，但我俩都走遍了全世界。”就连国内房地产大佬王石和高晓松也有着同样的观点。在2008年年初，正值国内楼市初现调整之时，王石抛出了惊人之语:“对于那些事业没有最后定型，还有抱负、有理想的年轻人来说，40岁之前租房为好。”

以今天这么高的房价，普通的工薪阶层能够买到房子的只有两种情况：一种是父母的赞助，正所谓拿人的手短，吃人的嘴短，这种靠父母的人，不仅经济上靠父母，而且生活中其他的事情，甚至自己的道路选择也是掌控在父母手中。经济不独立就意味着一切都不独立。第二种就是牺牲发展机会，典当人生的梦想来换回一套房子。

有人对各国人购房的平均年龄做了统计，统计显示：美国人第一次购房平均在31岁，德国人在42岁，比利时人在37岁，中国香港人则在32岁，欧洲拥有独立住房的人口占50%，50%的人都是依靠租房。毕业就要结婚，结婚就要买房，买房就要毁灭梦想，这一切为了什么呢？为一套房子？

你是否有过这样的经历：在决定买房子的时候又因为房子会让自己变得像个俗人而放弃买房呢？想想房子，买了房子就有了固定的家，人就被房子束缚住了，人不再自由，不再能够洒脱，不再能够一个人单身过，房子里要有女人、男人、孩子和爱情、亲情，这一切才构成家，而当这一切都安逸的时候，也就是人稳定的时候。假如你喜欢这种感觉，那么没问题，这就是美好的。如果你不喜欢安分，喜欢到处寻找机会，房子无疑是个累赘。

回头看看年轻的购房者：他们丢掉了自己未来十年内转换工作方向与创业的机会，花掉了比年薪高3倍的机会，他们买回来的仅仅是房子吗？其实未必。

准确地说，他们没有买来什么，而是卖掉了什么。

这些购房者，他们购买的不是别的，其实是“安全感”，这种安全感缺失了，需要房子来重新找回，不然会引起他们内心的焦虑。他们觉得世事变幻无常，唯有固定的房子作为固定资产是安全的，不仅不能失去，而且还会升值。一套房子给了他们一个安心丸。在大城市有一个栖身之地，会让人觉得心里踏实，这是不争的事实。他们购买的其实是对一种莫名其妙的心智障碍的保护，这源于他们对自己能力的深深不自信。

本文的目的不是为了告诉读者房子是安全的保障，而是要让大家明白，在这个快速发展的社会，一切都随时在改变。这是一个信息时代的社会，更新速度快，换代仅仅是眨眼之间，一件物品就可以给我们一个安全或者安全感吗？即使房子可以换来安全感，那么出卖梦想来换房子，值不值得？为了心理上的安全感，用整个人生的代价去换，丢掉梦想，丢掉自己最快发展的时光。这一切，有些人看来是不可思议，有些人看来则是天经地义，我看是对自己的不负责。

奴隶，在工作中形成

你或许有过类似的担忧：

我是一个老师，在小城镇工作。在我的周围，人们的工资都不高，但是工作稳定，生活悠闲。结婚生子，守着微薄的工资到退休。看到他们我就看到了自己的未来，我害怕这种生活，我的路不应该是这样的。因为我害怕也会和他们一样，我想去大城市里找工作，在那里实现我的人生理想。但是，总是被各种顾虑绊住了脚步，害怕在城里面找不到好工作，害怕前途的迷茫，为此我曾经想过考研，借助考研来摆脱我的现状，此时顾虑又出现了：如果辞职后又没有考上，那该怎么办？也许我会在无奈的情况下以一段恋爱、结婚来了却我的烦恼。不过，这仍然让我害怕，我怕婚姻会成为我未来发展的阻碍。我该怎么办呢？

该怎么办？或许你有过那种感觉，那种好像什么都有可能，又什么都可能做不到的恐惧。突然感到自己成了社会可以遗弃的人，弱小无助，也禁不起任何的失败。世界很大，但是我周围却有一个很小很小的牢笼，囚禁着我，我不能去任何地方了。

弱小自卑的人最希望得到的就是别人的肯定，一个肯定的、权威的声音可以改变这种人的命运。“离开这里，去你想去的地方，你会成功的。”如果有人这么告诉他，他就克服了恐惧，有了摆脱羁绊的勇气，但是没有任何人会这样说。即使是职业规划师，他们也不会这么说，因为他们知道，这不是一个职业规划的问题，而是心理问题——即使他们为这个人找到了最优的道路，他也会继续和自己玩“YES, BUT”的游戏：“是的，但是……”这种人每走一步都瞻前顾后，顾虑重重，他们被自己所乐意的安全感囚禁住，却又为此烦恼。他们想摆脱的其实是一个旧的牢笼，然后换一个新牢笼就会让他们觉得舒服了。

这些人被称为安全感奴隶，大部分的安全感奴隶都是奴隶型的人，他们喜欢安全感，乐于做安全感的奴隶。安全感对一些人有着无比强大的力量，可以在他们周围形成一个看不见的牢房，住进了牢房，他们就成了囚犯，像奴隶一样生活。似乎牢房对他们有意想不到的魅力，让他们心甘情愿地坐牢，而不愿意去过自由的生活。

这个牢房是用恐惧做砖石，用恶毒的信念做水泥。回头看看上面那个小城市的女孩子：她既害怕随波逐流，也害怕改变，担心考不上研究生，害怕爱情。仅仅是这些恐惧，就把她与有意义的人生隔离了，考研、工作和爱情，这些她所向往的东西，都被隔离开了。使她与世隔绝的不是监狱的高墙大院，而是一堵无形的墙，这堵心理的墙让她哪里也去不了。

通过与她的对话就能看到是什么让她恐惧，是什么在她周围形成了无形的牢笼：

“为什么不考研呢？只要努力一年就可以了，你知道这是最好的方式了！”

“你说得没错，但是我不擅长学习。”

“为什么不尝试找到你的人生伴侣，和他一起奋斗呢？”

“这不失为一种好办法，但是男人都喜欢女人型的，不喜欢妻子太好强，他会管住我，阻碍我的。”

“为什么不去大城市找找工作呢？”

“在大城市里工作是我向往的，可是外面的工作很不好找，我怎么知道能不能找得到呢？”

“平平淡淡才是真，为什么不能就这样安心地待下去呢？过着平淡快乐的生活，不是也很好吗？”

“没错，但是我不喜欢与他们一样……”

这就是一个被安全感囚禁的人。囚禁我们一生的不是实体的高墙，而是我们内心的信念。

女人可以过自己的生活。网络上经常可以看到这样的帖子：某某被感情伤害，叙述与恋人之间的一段故事，说自己付出了多少，而对方却是多么无情，置自己的死活于不顾，冷漠地分手，一点儿人情味儿也没有。下面总会引来大家的支持，后面跟帖无数，有的是因为产生共鸣，好像在述说自己的经历，有的则是出于同情，出于对道德的维护。

曾经有一个男孩子要和女朋友分手，但是女朋友坚决不同意，并且威胁说，如果要分手，她就去自杀。男孩不知道如何是好，因为两人确实不适合，男孩还是决定分了，但是，他的女朋友并没有自杀。

为何没自杀呢？第一，这种大吵大嚷要自杀的人一般都是胆小鬼。真正要自杀的人是不会告诉别人要自杀的，都是要经过几天的苦闷期，自己无处诉苦，一时想不开而产生错误观念。第二，拿生命来做威胁的人，一般内心都缺少安全感。这种人不能独立，且常常会拖累别人。为什么那么多的女性没有安全感？这是值得我们去思考的。

在百度里面搜寻“安全感”，就会看到页面中出现这种话：“为什么我觉得男人没有安全感？为什么我的女朋友说我没有安全感？如何让别人觉得自己有安全感？没有安全感的22个表现”，如此等，似乎安全感已经成为选择对象的决定因素。

每个人都期望自己处于安全之中，因为安全是人生存的基本需要。只是，对于安全感，每个人有每个人的理解，各不相同。现在的社会中，女孩子总会因影响而产生这样的观念：“我是一个女人，女人不可能不依靠男人就活得很好，至少我做不到！”或者是隐晦一点儿的“干得好不如嫁得好”，或者包装得再唯美一些，干得最好的是张爱玲，也只是因为她出身大户家庭，并且有写作的天分，不过她还是弱小得像个林黛玉。

张爱玲在小说《红玫瑰与白玫瑰》里写道：娶了红玫瑰，久而久之，红的变成了墙上的一抹蚊子血，白的还是“床前明月光”；娶了白玫瑰，白的便是衣服上沾的一粒饭黏子，红的却是心口上的一颗朱砂痣。也许在张爱玲的心中，男人是不靠谱的，在感情上没有安全感，抱着白玫瑰想着朱砂痣，搂着红玫瑰，念着床前明月光。

如果你年龄已经超过25岁了却还没有男朋友，你会明显地感到来自亲朋好友的压力。不信的话，你就试着给家里任何一位超过40岁的长辈打个电话，估计话说不到十句，就会提到“你为什么还不找个男朋友”之类的话。

总之，这个社会，大家都一致认为，女人没有能力一个人活得很好，那么没有男人，女人是活不下去的。

如果一个女孩子存在这样的观念：我没有能力一个人生活，没有男人我就活不下去。这种观念会对她产生怎样的影响呢？

她会不停地寻找有安全感的男人，没有安全感也不要紧，如果男人有钱或者有权也可以，至少他的钱或者权让她有安全感。如果这些都没有，男人本身一无是处，可是如果出身好，他的父母有权或者钱也可以。

“幸运”的女子也许会找到一个这样的男人，把一生完全托付给他，然后依赖性越来越大，直到独立生存的能力消失殆尽。终会有一天，她将成为一个必须依赖别人才能生存的人。这个时候，自己的男人就是救命的稻草，不管怎样她都会死死抓住这个男人不放，她害怕松手后，自己会突然跌进万丈深渊。其实她不知道，她自己完全可以独立，过得幸福、快乐，只是她没有尝试过，她的观念中认为她是不可以独立生存的。

“美丽”的爱情故事

读大学时，为了把他留在身边，她献出了自己的第一次。

毕业后，为了留住这个自己爱的人，她和他结婚了。

几年后，为了让她爱的人回心转意，她为他生了一个孩子。

又过了几年，当婚姻和孩子还是留不住自己爱的人的时候，她自杀了。

这个爱情故事可谓凄美，这个男子不能不说他无情，这个女子不能不说她痴情。可是仔细想一想，她真的爱这个男人吗？那不是爱，而是恐惧，是对安全感将要丢失产生的恐惧。

爱情可以分为两种：一种是存在危机感的爱情，这种爱情让处于爱情中的每个人都被爱情所累。一种是没有危机感，彼此没有依赖的爱情，所以不存在危机感，彼此都是在享受爱情，你舒服他也舒服。

没有人喜欢在现实生活中被控制，就像喜欢安全感的奴隶意识，乐于享受牢笼中的生活，但是，一旦把他丢进了监狱，他只会痛苦，这是现实中的被控制。所以，现实中喜欢被控制，也没有人能够完全控制对方。当一个女人把自己的快乐和安全感绑定在男人身上的时候，也就为女人日后的痛苦挖好了坑。

快乐生活是不存在控制的，是彼此都乐意的，它给予的安全感也是不会失去的，这时男人也是可靠的，不会失去。存在危机的爱情会用结婚来维系，结婚之后存在危机，生孩子可以维系，生孩子还是不能解除危机的时候，只能延续危机感，因为她会告诉自己的孩子她的观念，让这种观念在孩子身上延续下去，使悲剧再次重复。

这种重复就是模式，也就是这样的模式，让人变成了安全感的奴隶，让人陷入害怕失去而又全力掌控的焦虑心态之中。《不要和陌生人说话》里面，丈夫的变态掌控，全都来自于内心的安全感危机。“你掌控不了他，你没有资格。”终于有一天那个深爱你的人也会不堪重负，尝试摆脱你的掌控，为自己争取一片空间，可以让自己透透气。

为了维系爱情，有的人会选择报复。很多轰轰烈烈的爱情在面临分手时会是悲剧式的结局：情杀、自残，似乎爱恨情仇是分不开的。为了拯救爱情，可以不择手段，其实是在拯救自己的安全感，让自己不至于失去依靠。只要是为了爱情，手段没有卑劣的，都是高尚的。

事实上，那也不是为了爱情，而是为了安全感，是出于恐惧心理。

地球的存在不是因为哪一个人，这个世界没有谁都能继续存在。有些人不知道什么时候就陷入了这种深深的恐惧之中，坚信自己需要被别人认同，坚信离开了另外一个人便无法生活。所以如果那个人不在了，自己也就无法活下去。这其实是一种恐惧。

《南方人物周刊》（2010 年 03 期）有篇报道，讲述了这样一个爱奴越狱的故事：

李欣频，台湾文案圈最知名的创意者之一，这个被誉为“文案天后”的优雅又从容的女孩子，她一手塑造出来的“诚品书店”品牌已成为台湾的文化地标。一家民营书店能开到吸引游客、增加外汇收入、刺激经济、提升当地形象的地步，放眼全球，除了台湾的“诚品”，恐怕找不出第二家。

她 21 岁步入广告圈，28 岁出了她的第一本书，然后在接下来的 7 年中，她写了 26 本书。但正是这 7 年时间，却是她幸福感不多的时候，因为“害怕一个人待着，没有安全感”。“我是一个非常非常依赖别人的人，就是因为太依赖别人，导致人际关系出了很多问题。”李欣频回忆说，因为情绪的不畅，导致健康也出现问题，一年要跑三十几次医院。她开始怀疑自己为什么活在这个世界上，她去寻求心理医生的帮助，“他们只会给我开药”。

李欣频放下一切，去了印度。在那里，她遇到了自己的男朋友，更遇到了自己，她把这种方法称为“与自己独处的能力”。她说：“人在最痛苦的时候，在你身边的只有你自己。”

……

李欣频现在的男友在台湾。拥有了独处的能力后，哪怕分居两地，她也可以享受到爱情的幸福，她现在的方式不是索取，而是给予。

“很多人结婚的原因只是为了找到一种安全感，不过，现实有很多离婚的例子，都是借助婚姻寻找安全感，结果却事与愿违，婚姻中无法得到安全感。安全感绝不是来自婚姻，如果抱着安全感的目的缔结婚约的话，这个婚姻百分之八十会出现问题。结婚的人不是一个港口，人不是固定的东西，而是活着的。结婚后，人还会去接触不同的人，在兴趣上还会发生改变。所以，不要依赖他人给予你想要的东西，要靠自己的努力去换取，如果不能，那么婚姻基本上都是失败的。”

一个人最爱的到底应该是谁？其实不是丈夫，不是妻子，不是孩子和父母，爱要从爱自己开始。你可以爱爸爸，爱妈妈，爱他和她，爱每一个人，甚至是爱小猫小狗，但是这一切都要从爱自己开始，因为这些爱都是出自你自身。爱一条河流就不能污染它的源头，爱其他的也是如此。

打着爱的旗号去伤害他人，去自残自杀，他们没有发现，那其实不是爱，而是恐惧。安全感控制着爱情中的人，然后用他去毁掉身边的人，毁掉生活，甚至有的人会牵扯到陌生人，把仇恨投到每一个人身上。

安全感不是来自别人，而是来自自己。遇到婚姻危机，不要问为什么自己的老公没有安全感，那是因为你自己没有安全感！

只要你有一颗坚定的心，只要你相信一个道理：世界上少了谁我都能够活下去，而且活得很好。人就会有那种与自己独处的能力。

第二章 Part 02

男怕入错行，求职要理性

初入职场，最重要的是要找到自己的定位，因为定位越准确，你未来的地位也就越稳固。然而，做好定位并不容易。人生最无奈的事情，并不是找不到前进的方向，而是你不清楚自己所处的位置。很多时候，你不是高估了自己的能力，就是低估了自己的潜力。

给自己画一张人生蓝图

生活中有两类人：一种是非常清楚自己该做什么的人，另一种是糊里糊涂不知怎样打发日子的人。在现实生活中，很多人都是清醒的，能够为自己所确立的目标孜孜以求。但也有不少人没有明确的人生目标，抱着模糊的人生态度。

这里举个例子：

假设你和你的对手们将要进行一场有趣的竞赛：看谁最早穿越玉米地，到达神秘的终点，同时手中的玉米又最多。也就是说，你穿越玉米地既要比别人快，手里的玉米又要比别人多，而且要时刻保证自己的安全——这是“玉米地游戏”的三个生存要素：速度、效益和安全。现在，你怎样做才能保证自己成为优胜者？

如果你不知道该怎么做，不妨继续看下去：

有一年，一群意气风发的天之骄子从美国哈佛大学毕业了，他们即将开始穿越各自的“玉米地”。他们的智力、学历、环境、条件都相差无几。在临出校门时，哈佛对他们进行了一次关于人生目标的调查。结果是这样的：27% 的人没有目标；60% 的人目标模糊；10% 的人有清晰但短期的目标；3% 的人有清晰而长远的目标。

以后的 25 年，他们穿越“玉米地”。25 年后，哈佛再次对这群学生进行了跟踪调查。这次的结果显示：3% 的人，在 25 年间他们朝着一个方向不懈努力，几乎都成为社会各界的成功人士，其中不乏行业领袖、社会精英；10% 的人，他们的短期目标不断地实现，成为各个领域中的专业人士，大都生活在社会的中上层；60% 的人，他们安稳地生活与工作，但都没有什么特殊的成绩，几乎都生活在社会的中下层；剩下27%的人，他们的生活没有目标，过得很不如意，并且常常在抱怨他人，抱怨社会，抱怨这个“不肯给他们机会”的世界。

其实，他们之间的差别仅仅在于：25年前，他们中的一些人知道为什么要穿越“玉米地”，而另一些人则不清楚或不太清楚。

刚进大学时，大家似乎都在同一个起跑线上，而毕业时为什么差距会如此之大呢？很大一部分原因就在于有的人拥有自己的梦想，并且将这种梦想变成一个目标。也就是说，你应该用想象力在头脑里把目标绘成一幅直观的图画，直到它完完全全成为现实。

半个世纪前，在美国洛杉矶郊区，约翰·戈达尔还是一个没有见过世面的15岁的孩子。他拟了一个《一生的志愿》的表格，上面这样列着：“到尼罗河、亚马逊河和刚果河探险；登上珠穆朗玛峰、乞力马扎罗山和迈特荷恩山；驾驭大象、骆驼、鸵鸟和野马；探访马可·波罗和亚历山大一世走过的路；主演一部电影；驾驶飞行器起飞降落；读完莎士比亚、柏拉图和亚里士多德的著作；谱一部乐谱；写一本书；游览全世界的每一个国家；结婚生子；参观月球……”为了使这些目标看起来更有规律，他还把每一项都编了号，一共有127个目标。在他把梦想庄严地写在纸上之后，就开始循序渐进地实现自己的目标。

16岁那年，他和父亲到佐治亚州的奥克费诺基大沼泽和佛罗里达州的埃弗洛莱兹探险。从这时起，他按计划逐个地实现自己的目标。49岁时，他已经完成了127个目标中的106个，还获得了一个探险家所能享有的荣誉。如今，约翰·戈达尔生活得很充实，很快乐，他依旧照着既定的目标前行着。

拿破仑说：“希望成功，就必须确立目标，一个明确的目标。”有一本书的作者曾访问了几百个成功者，问他们有哪件事是他们今天已经懂得，但在年轻时却留下了遗憾的。在受访者的回答中，最多的一种是：“希望在年轻时就有前辈告诉我、鼓励我去追寻自己的理想和志向。”

但是，任何前辈的指导都只能是参考。因为理想和志向是你个人的事情，只有你才能为自己制定一个最合适的志向。

真正的成功者并不都是完美无缺的人，而是些优缺点分明的人，所以说找好自己的位置很重要。而大学里最重要的任务就是正确地认识自我，根据自己的特长定好目标，并分析好要达到这一目标需具备哪些能力，有哪些要求，然后从各个方面去为其努力，这就是你在大学里所必须做的，也是最应该做好的。

我们的人生只有短短的几十年，无论工作还是生活，我们都应当踏实、认真地对待。应当努力地活出自我，活得精彩。这样我们的人生才没有遗憾，才是充实快乐、有意义的人生。

做好职业生涯规划

对于我们每一个人来说，对自己的人生做出正确的规划都是极其重要的，今天你站在哪里并不重要，但是你下一步迈向哪里却很关键。

从某种意义上来说，我们的价值基本上是通过职业体现出来的。因此对于职业生涯进行规划就显得尤为重要了。职业生涯就是一个人的职业经历。职业生涯是一个动态的过程，是指一个人一生在职业岗位上所度过的、与工作活动相关的连续的经历，并不包含在职业上成功与失败或进步快与慢的含义。也就是说，不论职位高低，不论成功与否，每个工作着的人都有属于自己的职业生涯。

职业生涯是人一生中最重要的历程之一，是追求自我、实现自我的重要人生阶段，对人生价值起着决定性作用。

我们在生活中常常会做出不同的规划：比如明天晚上去看电影，下个周末去拜访哪些朋友，明年夏天去哪里度假……计划有大有小，有的计划比较符合实际，而有的计划则不太现实；有的计划属于长期计划，有的则属于短期行为；有的计划并不重要，而有些计划则影响深远……

但是放在工作中，大多数人则不大喜欢进行规划，都是在万不得已的时候才去进行规划。或许是你感觉自己的工作太多了，所以你才会想到要去进行相应的规划，这种偶然的、为满足某个特殊目的而进行的规划虽然很有必要，但也有一定的局限性。毕竟，如果你只是在被迫的情况下才去进行规划的话，那你很可能并没有使规划发挥出真正价值。

太多的人都是因为没有对自己的职业生涯进行规划而庸碌一生，无所作为。你可以通过以下几个步骤来对自己的职业生涯进行设计。

一、充分地了解自己

一个有效的职业生涯规划，必须是在充分且正确地认识自身的条件与相关环境的基础上进行。对自我及环境得了解得越透彻，越能做好职业生涯规划。因为职业生涯规划的目的不只是协助你达到和实现个人目标，更重要的也是帮助你真正了解自己。

你需要认识自己、了解自己、审视自己并做出客观的自我评估。自我评估包括自己的兴趣、特长、性格、学识、技能、智商、情商、思维方式、思维方法、道德水准以及社会中的自我等内容。

详细估量内外环境的优势与限制，从而设计出自己的合理且可行的职业生涯发展方向，通过对自己以往的经历及经验的分析，找出自己的专业特长与兴趣点，这是职业规划的第一步。

值得注意的是，很多人往往认为选择最热门的职业就意味着对自己最有前途，专家提醒：选择职业重要的是能正确地分析自己，找到自己最适合做的行业，然后努力成为本行业的佼佼者。

二、清楚目标，明确梦想

如果你不知道你要到哪儿去，那么通常你哪儿也去不了。

每个人眼前都有一个目标。这个目标至少在你本人看来是伟大的。没有切实可行的目标做驱动力，人们是很容易对现状妥协的。盖尔希伊在《开拓者们》中，通过一份内容十分广泛的“人生历程调查问卷”，访问了6万多名各行各业的人士，发现那些最成功和对自己生活最满意的人有一个共同的特点：他们都致力于实现一个其实际能力所难以达到的目标。他们的生活有意义，而且比那些没有长远目标驱使其向前的人更会享受生活。

制定自己的职业目标并没有想象的那么难，只要考虑一下你希望在多少年之内达到什么目标，然后一步一步往回算就可以了。目标的设定要以自己的最佳才能、最优性格、最大兴趣、最有利的环境等信息为依据。通常目标分短期目标、中期目标、长期目标和人生目标。

确立目标是制定职业生涯规划的关键，有效的职业生涯设计需要切实可行的目标，以便排除不必要的干扰，全心致力于目标的实现。

三、制定行动方案

你的职业正在帮助你实现人生的最终目标吗？是否有一种途径可以让你现有的职业与你的人生基本目标相一致？

正如一场战役、一场足球比赛都需要确定作战方案一样，有效的职业生涯设计也需要有切实能够执行的职业生涯策略方案，这些具体的且可行性较强的行动方案会帮助你一步一步走向成功，实现目标。

四、停止梦想，开始行动

行动，这是所有职业生涯设计中最艰难的一个步骤，因为行动就意味着你要停止梦想而切实地开始行动。如果动机不转换成行动，动机终归是动机，目标也只能停留在梦想阶段。

职业规划成功的案例都是在有明确的职业目标后，然后在求职过程中不断与那个目标看齐才实现的。当然，并不是每一个人都有远见，定下自己的目标，并能有计划地不断朝这个方向努力。但这一点对职业发展起着至关重要的作用。

立即行动，无论你是处于大学毕业刚刚踏上职业路途的年轻人，还是40岁左右并且正陷在一份儿你不喜欢的工作之中的中年人，现在都是你进行职业规划的好时机。只要你还没有到安享晚年的地步，任何时候开始你的职业规划都并不算晚。

现在的社会充满了变数，计划不如变化快。影响你职业生涯规划的因素诸多，有的变化因素是可以预测的，而有的变化因素难以预测。要使职业生涯规划行之有效，就需要不断地对职业生涯规划进行评估，修正职业生涯目标、策略，看方案是否恰当，以能适应环境的改变，同时可以作为下轮职业生涯设计的参考依据。

成功的职业生涯设计需要时时审视内外环境的变化，并且调整自己的前进步伐。目标的存在只是为你的前进指明一个方向。而你是它的创造者，你可以在不同时间不同环境下更改它，让它更符合你的理想。

找到适合自己的工作

大家都知道，现在的就业压力很大，对于职场新人来说，找到一份儿较满意的工作很不容易。但是有一些大学生在找工作时有很多不切实际的想法，例如一定要去某些知名企业，工资不能低于多少多少，要有什么样的待遇等。之所以会有这样的想法正体现出某些大学生在择业观上的一种浮躁情绪。

有些大学毕业生求职时常常屡战屡败，难以找到适合的工作。其中的原因不外乎三种：第一是缺乏求职技巧；第二是缺少职业竞争力；第三是心态很浮躁，他们认为不能仅仅为了生存而去找工作。

其实，对于我们每个人来讲，生存才是第一位的。你只有先解决了生存问题之后才能一步步地设计个人的职业生涯，否则一切都是空谈。

刘宇是个胸怀大志、有远大理想的年轻人。他在大学时学习的是计算机，虽然上的不是名牌院校，但四年的学习经历再加上从小酷爱游戏软件，使得他对自己在软件开发和应用方面的能力十分自信。刘宇立志要干一番大事业，他的目标是将来做一名软件开发行业的总裁，有自己的软件公司，要把自己的产品做成知名品牌，推向全国，进而打进国际市场。

刘宇平时喜欢看一些名人传记，他和好朋友谈论最多的也是这些名人。他最崇拜的就是美国的比尔·盖茨和中国的李嘉诚，他渴望自己也能像他们那样成就伟大的事业。

大学毕业时，刘宇就把目光瞄向了几家国内著名的软件公司，他打算先从大公司的高级白领做起，先在软件设计这个行业里锻炼几年，然后再考虑开办自己的公司。谁知道世事难料，从求职应聘的第一天起，他就处处碰壁。

第一天的应聘经历使他记忆犹新。记得那天上午，刘宇满怀希望地去一家以开发办公软件而闻名的公司应聘。当他递上简历之后，招聘人员问他：“你希望在我们公司从事什么工作？你期望的薪酬是多少？”

“我希望能从事软件设计开发工作，至于薪酬嘛，5000 元左右就可以了。”刘宇本来是想说 6000 元的，可是话到嘴边，不知怎么又改成了 5000 元。

“按照我们公司的规定，新招聘进来的应届毕业生要先在市场营销部工作一年，之后再根据具体情况进行工作调配。”对方的回答让刘宇很失望，而接下来招聘人员的话更出乎他的预料。

“至于薪酬嘛，”招聘人员微笑着很客气地说道，“恐怕也无法满足你的要求，实习期间每月工资不到 2000 元。”

刘宇非常失望地离开了那家公司，这个结果是他没有预料到的。失败是成功之母，刘宇怀着坚定的信念，又开始了第二家、第三家公司的应聘。

然而，让刘宇没有想到的是，接下来的几次应聘经历与第一次相似，几乎都是以失败而告终。由于求职者的数量远远超出就业职位的需求，就业市场竞争激烈，一个职位往往有十个甚至几十个的求职者竞争，因此招聘方提出的条件十分苛刻。每次去应聘，不是因为学历不能满足对方要求而被拒之门外，就是由于工作经验不足而落聘。

受到一次次打击的刘宇，只好退而求其次，把目光投向了档次低一些的小公司。但他能够获得的职位也就是做客户的硬件维修、搬搬电脑之类的工作。薪酬都在 2000 元左右，这与他之前的期望真是相去甚远。

在职场上连连碰壁的刘宇现在开始反思了，他觉得自己应该丢掉原先那些不切实际的幻想，自己首先要面对生存的问题，只有解决了生存问题之后，才能一步步地设计个人的职业生涯。

今天的职场竞争如此激烈，每一位求职者都应该面对现实，树立正确的就业价值观，那就是：靠自己的劳动赢得生存权利永远是最重要的。

刚毕业的女大学生李燕到一家公司应聘财会职位，报名时即遭到了拒绝，因为她太年轻，而公司需要的是有丰富工作经验的资深会计人员。李燕没有气馁，而是一再坚持。她对主考官说："请再给我一次机会，让我参加完笔试。"主考官拗不过她，答应了她的请求。结果，她通过了笔试，面试则由人事经理亲自主持。

因为她的笔试成绩最好，人事经理对她颇有好感。不过，当得知李燕没有工作经验时，人事经理就决定收兵："今天就到这里，如有消息我会电话通知你。"

李燕站起来向经理点点头，从口袋里掏出一块钱双手递给经理说："不管我是否被录取，请都给我打电话。"经理呆了一下，问："你怎么知道我不给没被录用的人打电话？""您刚才说有消息就打，那言下之意就是没录取就不打了。"

经理对李燕产生了浓厚的兴趣，问："如果你没被录用，你想知道什么呢？""请告诉我，我什么地方不能达到你们的要求，哪方面不够好，我好改进。""那这一块钱？"李燕微笑着说："给没有被录用的人打电话不属于公司的正常开支，所以由我付电话费，请你一定打。"经理也微笑着说："请你把一块钱收回，我不会打电话了。我现在就通知你，你被录用了。"就这样，李燕用一块钱叩开了机遇的大门。

在现实生活中，聪明人未必就是一个高效能的成功者，再聪明的人，要是缺乏好的思路，也容易和成功失之交臂。只有那些能够充分调动自己的智慧、懂得思考问题的人，才能成为出色的高效能人士。因为如果思路不对的话，再聪明也是徒劳，因为此时他脑筋转得越快，往往也死得越快。只有善于思考的人，一生才会充满光明，而一种好的思维方式就是引导你走向成功的快捷之路。

知道终点，才能上对车

不论是职场新人，还是职场“老油条”，要想在职场乃至社会中顺风顺水，最重要的就是先做好自我定位。职场上也是风水轮流转，三十年河东，三十年河西。如果自己都不清楚自己想要的是什么，想得到的是什么，几个回合下来东南西北都分不清，你即使不被社会抛弃，自己也会沉沦。所以说，保持一个清晰的头脑至关重要。

为什么一定要自我定位呢？最简单的道理就是，假如你不知道自己的方向在哪里，又如何知道该先迈左腿还是右腿呢？每次我到那些寺庙，总能看见不少年轻人烧香许愿，听到他们喃喃祷告：希望菩萨保佑我得到财富，得到权力，得到幸福，得到好爱人……我总是要想：什么是财富？什么是权力？什么才叫幸福？什么样的人称得上好爱人等。就算是真有神仙，如果你不能明确地说出自己想要什么，神仙也不知道该给你什么啊！

正因为没有给自己定好位，有多少人在职场中随波逐流，继而浑浑噩噩地度过一生。事实上，那些在事业上做得风生水起的人，一直都很清楚自己能做什么、能做到什么程度。他们牢牢地把握住自身的定位权，所以才能在事业的道路上一步一个脚印地往前走。

你不为自己定位，并不代表你就没有定位，只是这个定位权已经被自己拱手相让。如果一个求职者这样对企业说：“我什么都能做，您就看着办，给个什么职位都行。”那么他被录用的概率几乎为零，因为企业不知道该如何给他定职位。

同理，如果你不给自己定位，别人就会按其理解给你定位。所以职场才会出现如下种种状况：哎！我对我现在做的这份儿工作一点儿兴趣都没有，烦死了；郁闷！我们主管老是让我做我不喜欢做的事情；其实我对做这个擅长，可我们领导却总是分给我别的任务。造成这些纠结的重要原因，就是他不明白自己到底喜欢的、擅长的是什么。他没有主动去与人沟通，与上司沟通，主动让自己的想法被人理解。

鲁迅先生有段话非常经典，大意就是：中国人有三种，一种是坐稳了奴才位子的，一种是做了奴才而位子还不稳的，一种是想做奴才而不可得的。有一次我拿这个嘲讽某哥们儿，说他是第三种，恨不能天天扒着总经理的衣角，让他回头看一眼就兴奋半天，偏偏总经理都不看他一眼。他反唇相讥：那你也不过是个坐稳了位子的奴才。我哈哈大笑，问为什么？他的回答特别经典：打工的都是奴才！我正色相告：一个有理想有信念的人，自己为自己负责的人，就不是奴才。正由于在你心底，对打工者的定位都是奴才，所以你才会拼命地想做一个好奴才，可惜你连做奴才都不知道怎么做，故只能是鲁迅先生所说的第三种人。在这个前不见古人后不见来者的时代，如果没有坚定的信念、价值观和使命，没有明确的自我定位和目标，不沦为奴才的希望渺茫。

给自己下定义，让面试更容易

如果让你用一句话对《三国演义》中的每个人物进行评价，你能做到吗？可能并不难。例如诸葛亮，一般人喜欢用 “智慧的化身”来概括他，鲁迅先生则评说《三国演义》把他写得“多智而近妖”，可见多智是肯定的了，而陈寿在《三国志》中则评价诸葛亮“行政一流，军事稍逊”。除此之外，对他的评价还有很多，比如“鞠躬尽瘁死而后已”“诸葛一生唯谨慎”等。再说曹操，时人谓之“治世之能臣，乱世之枭雄”，也是非常生动传神的概括。

随便翻开哪本史书，都不难从中找到对历史人物类似的贴切评价。自古中国就有一个说法为 “盖棺论定”，然后更进一步演化出皇帝大臣死后的“谥”法，其中的每一个字，都有其特定的意义和褒贬。为什么会出现这种情况呢？原因很简单，给一个人贴一张“标签”，更方便我们对这个人的评价与分析。

现在，请用一句话来进行自我评价，难不难？如果你平时就没考虑过这个问题，那么难度是显而易见的。让我们换一个场景，假设今天你去应聘，主考官说：给你 30 秒钟，请你做一下自我介绍。你该如何表述呢？

一般的简历上都有自我评价一栏，内容基本都是大同小异，无非就是具有团队精神、主动积极、勤奋肯干、沟通能力强等。说到这儿，让我想起了某次听到的一个自我介绍：我叫某某，我的特点是沟通能力强，完了。呵呵，这样介绍，无论如何也不能把他与沟通能力强一词联系到一起。那么简历上这些常用语有没有用呢？答案是肯定的。

如若不写这些，或许在第一轮简历筛选时就石沉大海了。

不过，这并不是我所谓“一句话定义你自己”的意思。

“一句话定义你自己”并非表面看起来的那么简单，实际上它有着非常复杂的内涵在里面。目的就是让你在主流的芸芸众生中显得与众不同，而且让这种与众不同为主流所认可、接受，甚至推崇。正如历史上的聪明人多得是，为何单单诸葛亮能得美名“智慧的化身”呢？又如历史上昏庸暴君无数，为何商纣王却独得大名呢？因为他们都被主流社会贴上了“一句话定义”，不管是不是盛名之下其实难副，反正“一句话定义”被千万人重复千万遍，便跳进黄河也洗不清了。一个想在职场和社会上有所成就的人，就一定要学会发挥这种“一句话定义”的力量。

“一句话定义你自己”的力量何在呢？就在于它的简洁明了。越简单明了的东西，越容易被人记住，也越容易被人传播，杀伤力也就越大。所以，在完成自我分析和定位后，一定要想出一句话，使你的形象栩栩如生。

但是，你的“一句话定义”一定要适合你的状况。就好比判定一双鞋的好坏，首先是要看它是否合脚。一样的道理，一个与你的实际情况偏差太大的定义，不仅不会被公众（老板、同事、朋友等）所认同，还会造成非常恶劣的负面影响。

有个人跑去应聘总经理助理的职务，面试时，面试官请他用一句话评价自己。他回答说：我从小志向高远，一直以征服天下为己任。这个“一句话定义”真是让人记忆深刻，只是与他的实际情况和职位要求相差太远。

面试官笑笑，说：你真的是一个非常上进的人。潜台词自然就是：我这座庙太小，供不起你这尊大佛。如果抱着这种“以征服天下为己任”的“一句话定义”去打工，我不知道他把自己摆在什么位置去与上下级和同事相处。再说这句话毛病太大，听到的人不禁会想，他到底是想从政还是从商？想在哪个领域去征服天下？

这样的定义，只会给别人留下一个负面印象，很可能瞬间，他人心中已经给他下了相反的定义："一个从小志大才疏目中无人爱吹牛的人。"而这样的负面定义一旦被人公认，试想，他在这家企业还有什么职业前途可言？

一个好的"一句话定义"，无论是出于自己的想法，还是来自于别人的总结，首先都应该被自己所认可，并愿意为了维护这个"定义"去工作、去表现自己，只有这样，你才是掌握了自己人生的主动权。而"一句话定义"的重要性就在于，当你不为自己下定义时，别人就会给你下定义，须知这就是人的本性。就像我们出去郊游，看见不认识的花花草草，一定会随口问旁人：那是什么植物？其实想想看，知道它的名字并不代表你就了解这种花草的特性，但人性就是这样，觉得知道花草的名字就是了解它了。奇怪吗？是有点儿奇怪，但事实就是这样。职场有如郊游，你就是这样一株不知名的花草，如果你不为自己起个名字，并把名字告诉别人，那别人只有按自己的理解来给你起名字了。糟糕的是，对别人给自己下的定义大部分人都不满意，后果就是感觉自己被别人误解了，却又无从辩解。

比如上面那位朋友，如果他本着"踏实做人，认真做事"的"自我定义"去工作，在这个定义并未被公众所认识到之前，那么领导可能会从他的角度给他下定义"这是一个没有上进心得过且过的人"，相差何止千里！背上这样的负面定义，再想纠正舆论偏差，就得付出好几倍的心血。

适合的"一句话定义"，是与你的自我定位、实际情况、工作职责要求、企业文化要求紧密联系在一起的。现在大部分人写简历，看见别人都写具有团队精神、沟通能力强、领导能力强等，就照葫芦画瓢照搬过来。我想第一个这样去形容自己的人肯定是高手，但时至今日，已经不知几千几万的人都在这样形容自己，那么这种原本让人有视觉美感的语言此时便显得苍白空洞，也失去了它原有的实际意义，可能只对机械筛选有点儿作用。在设计“一句话定义”上，一定得有某种程度的创新，更确切地说，是换一个角度审视自己。

最高级的“一句话定义”是什么样子呢？就应该像《幸运52》中的猜词那样，如果我说：猜一个人，他鞠躬尽瘁死而后已，你八成会答“诸葛亮”如果哪天你能达到仅用一句正面意义的虚词描述你自己，只要说出这个词，你的老板，你的同事就知道是你，那这个“一句话定义”就算大功告成。

达不到最高级别的，退而求其次，就要在一句话中必须用上实词，而不能光用形容词和副词这些虚词来描述自己。比如我说：猜一个人，他辅佐刘备三分天下鞠躬尽瘁死而后已。你一定会答“诸葛亮”。为什么这次很清楚了？因为虚实结合地描述一个人，效果就会完全不同。同时，在这个描述中把诸葛亮的功劳（业绩）也概括进去了，如果孔明应聘，光这一句话便可过关。

求职时需厘清的矛盾

求职，常常伴随着各种各样的选择，有选择，就面临着各种各种的矛盾。你必须理清这些矛盾，才能顺利地找到适合自己的那份儿工作。

一、一步到位与循序渐进的矛盾

现在社会提倡，先就业后择业，先稳定后发展。这是有一定道理的。别总以为自己有多少能耐，自己的工作就应该高薪、假期多、体面、轻松，知识分子在这个时代已经不像二十世纪中那么吃香了，别想着一下子就找到一份儿适合自己的工作，还是那句话：先就业后择业，解决温饱才是关键，别搞得毕业了还让家人养着，做事情要一步一个脚印踏踏实实地干，这才是登上成功之路的捷径。

二、理想职业与现实需求的矛盾

兴趣是最好的老师，大多数大学毕业生在求职过程往往太过注重对于热门行业的追求，以至于和好的工作失之交臂。随着科学技术的日新月异，新经济产业、网络企业和 IT 产业成为求职者的热门职业，往往是蜂拥而上。但是，事物是相对的，这些行业的门槛也是较高的。它对于求职者的学历、工作经验都是有严格的要求的，同时有些行业还要求拥有各种各样的附加能力，如市场开发能力、营销经验、人际交往能力等。然而，纵观往昔，我们发现真正在这个行业取得成就者，大多是经验丰富的人，并且还是一些在传统行业有所成就的。所以，如果你在求职过程中找不到自己感兴趣的且又热门的工作，鱼与熊掌不可兼得时，可以退而求其次，改变方向，寻求一份儿与之相关的工作，等到市场门槛降低，并且自己拥有足够多的经验时，再重新涉足自己原先感兴趣的领域，实现自己心中的理想。

三、工作性质与收入之间的反差

大学生因为自身的优越感，往往在求职过程中，受主观意识的影响与可能会有好的发展的工作失之交臂。到人才市场走一圈，尽管有些职位的工资并不高，但是你还是会发现像文秘、文员、行政等方面的职位，与求职者数量有着强烈的反差。而高收益的营销专业的人数需求往往是文员的两至三倍，但应聘者却寥寥无几，少得可怜。差别之所以这么大，是因为许多大学生在工作性质与收入之间往往更看重前者，主观地认为干营销需要常年在外奔波，比较辛苦，而做文员之类的工作则待在办公室里，更有可能发展成白领。但是，事实真的会如我们所想的那样纯粹吗？当今社会需要的是真正有能力的人才，营销工作固然辛苦，但更能锻炼人，个人成长空间更大，对一个人今后的发展将会更加有利。而且营销人员的报酬直接与业绩挂钩，数年后他们的报酬会令文职人员自愧不如。因此，大学毕业生在面临职业选择时，应该针对自己的实际情况，慎重选择适合自己的发展道路。工作不分贵贱，人品才见高低，所谓三百六十行，行行出状元，不能唯工作性质论。

四、求稳心态与职业风险的矛盾

受中庸思想的长期影响，许多大学生出于对工作稳定的考虑，至今还不愿意到国内的乡镇企业和私营企业工作，首选的目标仍然还是政府机关、外资、合资和国有企业等一些“铁饭碗”，成为一名公务员，为此他们不惜绞尽脑汁，哪怕托关系走后门儿，甚至花重金也在所不惜，表现出普遍的求稳心态。然而实际上，现在许多乡镇企业和私营企业给出的待遇已经接近甚至高于外资企业，但大部分毕业生认为这些企业体制不够健全，前途不明朗，职业风险大，所以不愿意选择。其实，对于刚走出校门、缺乏社会经验的大学毕业生而言，进这种小单位还是比较有发展前景的，他们正是用人之际，正因为缺少人才所以老板才会重用你。至于工资待遇当然也好商量，你还可以在那里充分发挥自己的各方面能力，为以后的事业打下坚实的基础。就像《三国演义》里的诸葛亮，他之所以投靠刘备不是因为刘备比曹操厉害，而是因为曹公手下谋士如云，自己去了也不会得到重用，宁为鸡头不为凤尾嘛！

五、职业经验与自信心的矛盾

在人才交流中心，我们往往看到，大多数的招聘单位都会标明：有经验者优先。社会中，对于经验的要求越来越重要，但是，这对于刚刚走出大学校门的大学生来说，往往是最缺乏的，无形中便将他们拒之门外。缺乏自信心的大学生看到这样的要求时，往往便会转身就走。但是"有经验者优先"也只是标明优先而已，并未说不可一试。如果你觉得自己有能力胜任，能很快上手的话，可以前去一试，放手一搏。招聘单位对有勇气和自信的大学生都是很欣赏的，即使你未能成功，也不必太在意，结果并不重要，重要的是你在其中所获得的经验。或许，最终你失败了，但这个结果也只能说明你暂时还不适合这份工作，并不表示你不够优秀。也许在将来的某一天，你一定可以胜任那份儿工作。

六、不同职位的矛盾

有些时候，找工作就像买东西一样，机会多了，也常常感到难以选择。

比如说，你去商场买了一个东西，商家随即赠送你些礼品，虽然有很多的赠品，但是你只能选择一样时，你便会"深思熟虑"一番，细细地比较看看，哪些对你来说会更有好处。如果商家没有花样地只是给你一个赠品，那么你便不会花费十几分钟的时间去思考，从而浪费了那么多的时间。当一个人可选择的职位多了，也可能会有这样或有那样的心理，越让你挑，你越不知道哪个好，很难果断地做出决定。

此时，你就需要花费很多的时间，相对冷静地思量自己的未来发展方向了，选择那个与你发展方向最为接近的位子，选择前梳理好自己的思维脉络，多听听他人的意见和建议作为参考，多收集些相关的信息，但要切记，当断则断，好多机会都有稍纵即逝的特点，犹豫过后往往接踵而来的是懊悔。最重要的一点是：永远不要“回头”。一旦做出了决定，就不要再去思量得与失，越是频繁地回头，越会觉得自己选择的道路有误，这其实是一种心理定式，在心理学上把它叫作“自我的暗示”。不要被这样的定式所左右，决断而认同结果，你才能一往无前。送你一句良言：三思方举步，百折不回头。

准确自我测评，提高就业能力

就业能力的缺失，已经成为目前大学生就业难的一个“坎儿”。人贵在自知，大学生首先应该对自己进行能力、心理、个性等方面的测评，客观掌握自己的优势和劣势，进而强化优势，改进不足，使自己能够在就业的过程中立于不败之地。

一、提升就业能力

通常来说，就业能力主要包括以下方面：

1. 职业技能

根据我国的具体情况，可以将职业技能定义为：它是按照国家规定的职业标准，通过政府授权的考核鉴定机构，对劳动者的专业知识和技能水平进行客观公正、科学规范的评价与认证的活动。它包括工作技能、对环境适应的能力等。其中，工作技能的培养，应该从学校开始做起。要充分利用机会深入实际锻炼自己，例如加入学校的某些社团，参加一些社会实践活动；虚心向那些有经验的人学习，弥补自己的不足；同时，在实践中培养自己的分析问题、解决问题的能力。通过以上三种方法实践锻炼，找到自己的不足，抓紧在校时间进行弥补。

2. 人际交往技能

人际交往技能是社会基本技能之一。人际交往能力的培养最主要的是要处理好以下几个方面的问题：

①人争一口气，人活一颗心，善于和别人交心，做人应虚心，待人要真心。

②人无完人，善于发现别人的长处，多多弥补自己的不足，严于

律己宽以待人，换位思考，能够体谅他人的难处，包容他人的缺点。

③人无信不立，自信做人、诚信待人。

3. 生活技能

传统意义上的“生活技能”是一个含义很广的词语，它主要是指使青少年儿童将知识（所知道的）和态度、价值（所感觉到的，所相信的）转化为行动（做什么和怎样做）的能力。简而言之，就是个体能够采取正确的、恰当的行为，有效地处理日常生活中的需要和挑战的能力。而这里我们说的生活技能则是指自理生活、独立解决生活中问题的能力。生活技能的高低直接影响一个人的成就大小。年轻的大学生应该在培养生活技能的过程中彰显立身、立世、立业的本领。

提高就业能力，也是个循序渐进的过程。凡事都不可能一蹴而就，更何况像就业能力这样的高难度问题呢！就业并不是一个即时的过程，而是一个相对漫长的过程，即使是有了一份好工作，也会涉及能否保住这份工作、能否在此基础上过渡到更高的层面上的问题。所以，提高就业能力对我们意义重大，而且无论何时，你认识到都不会太晚。

二、改行好吗?

现今社会中，往往存在一个现象，所学专业与就业专业大相径庭。众所周知的惠普公司新任女总裁卡莉·费奥利那在大学时所学的专业竟然是历史。而这种不合逻辑的背离，往往成为困扰毕业生的一个难题。

当每一位大学生，慎重地填写高考志愿表时，我们相信，大多数的学生，都想在所选专业上发挥所长，真正做到“学以致用”。但是迫于就业压力，当你发现所学专业的情况与你毕业时社会的需求情况不会完全吻合时，千万不要沮丧。当时的种种预测和麻烦早已被时间抛弃了。所以不必拘泥于从前的想法，即便是毕业以后的就业方向与所学专业完全相同，也不能保证今后你不会面对改行的抉择。毕竟世事无常，路都会有转弯的时候。而且据一项社会调查显示，大学生改行随处可见，他们在毕业之初改行的比率为16%，毕业后五年的时间内的比率为29%，十年内的比率为45%。由此可见，改行并不是个别的现象。

“改行”并不仅仅只是与先前的行业有着天南海北的差别，也可以指一些和你专业相似但是却也有明显区别的工作。也就是说，虽然看上去，好像你的就业结果偏离了你的所学专业，但是在内部二者却有着千丝万缕的联系，并不是风马牛不相及，你所学的东西完全能在新的条件下，显现出它的实用性和适用性来。比如，哲学系的毕业生改行去做公务员、记者，甚至是企业管理，好像行业跨度很大，没什么相联系之处，其实不然，哲学专业的好多课程中的知识其实并没有荒废，其中培养和熏陶出来的思考能力、认知能力、交际能力都可以让你在新的岗位上有所收获。

如果你觉得，大相径庭的两个行业会让你失去在知识上的优势，从而不能胜任陌生工作的话，这个顾虑既多余而又可笑。如果人们只是需要专业知识的话，那么社会上的一些培训机构不是都该关门大吉了吗？

你要明白，大学生活中所学到的东西不仅仅只是专业课上的，在大学那四年里，你将不仅仅只是学到专业知识，更重要的是将会具备学习的能力。没有受过高等教育的人和大学生之间有着明显区别，那是因为大学生所学到的专业知识当中有很多的内容不能完全应用到毕业后的工作当中，而学习的方式、方法和能力，却能够时时刻刻地帮助他们应对各种情况，完成各项工作，这也就是尽管大学生不再如前几年那样是人们眼中的“香饽饽”，但是每年参加高考的人数还是令人瞠目结舌的原因。

所以，在比较理想的工作机会和你所学专业产生矛盾面前，你尽可以抛开那些不必要的顾虑，改行不是一个大得令你头疼好几个月的问题，技不压身，改行不代表你的专业白读了，无论读什么专业，都是为了以后更好地生活。

三、安顿下来再闯荡

现今时代，大学生早已不像过去那样是天之骄子了，随着高等教育从精英教育进入大众教育之后，大学生就从精英层走向了大众化，这样的情况是自然而然的。

在这样的情形下，有就业机会还是不要放过为好，越往后拖就业难度越大。这样的现象层出不穷。机会是不会等人的。因而多数大学生就业的方式应为“先就业，后择业”。拿到毕业证不等于就是人才，拥有一张薄薄的学位证书并不能代表你便拥有了做任何事的能力，大学生刚毕业，最好别太注重眼前利益。

在市场经济条件下，我国推崇的是按劳分配的分配制度，没有较高的职业技能，没有好的工作成果，你又凭什么对底薪要求甚高。执迷于此，你往往会错失良机，最终找不到适合的工作，满腹牢骚。虽说“钱不是万能的，没钱是万万不能的”，但是也应该看看自己当前从事的工作是否有利于自己的长远发展，毕竟金钱是一辈子都赚不完的。如果有利于自己未来的发展，即使收入暂时低些，也要踏踏实实地工作。

现在社会就业情况不是很好，而且用人单位非常精明，那就是招来的人能够马上派上用处，发挥专长，因为这里涉及一个培训成本和时间的问题，企业是以盈利为目的的，亏本的事它们是不会做的。所以选择了“先就业，后择业”就可以回避就业压力、经济压力。如果没有满意的单位，你在家也会憋坏的。所以还不如找个单位工作起来，积累经验后再找工作的时候就会好多了，会有更多的用人单位要雇用你，而且起点也不会比普通大学生低。

现在“终生学习”的观念已经被越来越多的人所接受，大学毕业只是一个新的起点，对于大多数人而言，非“大城市”“高薪”不干是不太现实的。民营企业最近几年正处于抢手状态，这正反映了当今大学生就业观的转变，同时也反映了毕业生思想观念的进步。

同一步到位相比，先择业，可以为自己今后的创业打下坚实的基础，我们不妨看看那些成功的企业家的发迹史，不难发现成功前的他们只是普普通通的职员，更有意思的是，他们涉及的不仅仅只是那么几个行业。在积累了一定的资金和经验后再考虑调换到自己心仪的单位或者行业，抑或走自己创业的道路，这才是充分实现自我价值的正确途径。

选择工作的五条原则

不经历风雨，怎能见彩虹。学校只是一个小社会，是人生的一个加油站，是就业前一个必经的过程。学习只是过程，就业才是目的，毕业之初的几年时间是人生的一个转折点，从幼稚到成熟，从轻狂到稳健，这是一个积累经验、学习资本实践技能的过程。同时也是一个准备的过程，是那些准备创业者寻找商机的必经阶段。

刚毕业的大学生不要等待机会和运气的降临，而是要创造机会，踏实走好每一步。不要眼高手低，要虚心学习，从基层做起，不要急于求成，其实起步的时候从基层做起，根基最为扎实，万丈高楼凭地起，根基不牢地动山摇。

在找不到适合自己的工作时，别归咎于学非所爱、学非所用。请你相信“有耕耘必有收获，但不一定是在今天”。社会是多元化的，所有的职位也是应社会发展需要而兴起的，它不会考虑是不是符合你的兴趣，对不对你的胃口，这是客观现实。当你不能改变它的时候，你就必须改变自己来适应这个社会，适应这份儿工作。兴趣是可以培养的，但机会是不等人的。正确的做法是认清自我、认清现实、摆正位置、审时度势。

具体来说，毕业生在选择工作时，应该遵循以下五条原则：

一、大公司、小公司各有利弊

毕业生应该根据自身情况来选择去大公司还是小公司，而不应该盲目追求大企业、高工资，有时候小企业也是一个不错的选择。

小型公司人员少，往往一个人要担当几个人的职务，好处是有利于学到各方面的知识和技能，可以为以后的事业积累经验，同事关系比较好处理。但是小公司制度不明确，规模小生存能力薄弱，承受风险能力较差，一旦外部环境改变，就有濒临倒闭的可能。

大公司就相对拥有很多优势。它们规模较大，资金雄厚并且拥有较高的技术研发能力，同时拥有较强的市场竞争力及抗风险能力，在这样的公司里，将不会担心随时会失业。但是大型企业人才济济，分工细致，对提高个人的综合能力不是很有利，甚至会使人失去锐气，变得平庸。

二、先从脚下看去

毕业生要明白自己是“人才”的“半成品”，用人单位之所以招聘你，并不是因为你拥有大学生的光环和一纸文凭，而是希望招到高起点的“学徒”，通过培训后能成为后备的骨干人才。你必须认清现实，摆正自己的位置，才不会在社会这个大剧院里迷失自己的角色。

大凡新人走向社会，必然存在着这样那样的问题，因为他们需要一个过程来熟悉这个新的场景，这个过程就是在走一段坎坷不平的山间小道，不免遇到困难，如果克服了，你就一定可以成功，没有经历挫折的成功不是真正的成功。走在这条路上你必须战战兢兢如履薄冰，时刻打起十二分精神来，要相信自己会用手中的笔绘出属于自己的一片天空。

务实，不是说你没有选择的机会，但选择并不等同于挑挑拣拣，左顾右盼。如果你这样做的话，往往会造成你的恐慌，无从下手，最终以至于失去了最好的时间、最好的时机，令自己后悔终生。

三、人贵在自我管束

成功哪是靠什么天分，有一张纸一支笔就足够了严寒酷暑从不间断，成就一代画家齐白石；一个信念就够了，走街串巷受尽白眼，披星戴月出门，万家灯火而归，造就了一代富豪李嘉诚；成功靠的不是天生聪慧，而是一种信念、一种毅力、一种习惯，好玉不经过雕刻只是一块儿石头，天才不能自我约束，没有好的习惯，坚定的信念，结果就是小时了了，大未必佳。

四、冷行业终将变成热行业

科技时代网络先行，21世纪是一个科技化的时代，正是这样一个时代造就了一些热门职业，这些热门职业培训机构亦如雨后春笋，层出不穷。如IT行业，前几年就红得发紫热得烫手。不少人跟时髦抢着进入IT业，不愿进入传统行业，致使信息产业人才济济，甚至出现了人才膨胀，有许多人不得不重新回炉继续深造。

行业的冷热并不是一成不变的，一个行业发展到了鼎盛时期接下来必定走的是下坡路，股市好的时候不少人选择了财经，当他们毕业时等待他们的不是理想的工作，而是失业的现实，不少冷门专业如珠宝鉴定、食品工程等这几年又比较吃香，所以选择行业的时候不要盲目跟风，而要根据自己的实际情况做出正确的选择。

五、实习的重要性

很多机会就是在偶然中产生的。就如同当年红极一时的电视连续剧《还珠格格》，据有关人介绍，赵薇最初只是面试“紫薇”这一角色的，谁知后来却被选为小燕子这一角色，无心插柳柳成荫，成为真正的大明星了。既然提到偶然就不能不提及机遇。机遇是偶然的，但机遇从来只属于有准备的人，机遇对于有准备之人又是必然的。实习这一机会虽说只是在职业生涯中占很小的一部分，但是却有着非常重要的意义。聪明的人一定懂得如何把握利用这个机遇，最大限度地发挥自己的优势和特长，让别人认同自己。实习不仅仅是就业的预演和彩排，很大程度上，它可以转化成为就业的序幕。有很多的毕业生就会在这时被用人单位看中，从而留下来。毕业前都要进入用人单位，经过一个实习期。表现得好你就会被留下，反之则走人，这段时间你必须把握好机会。

实习期就是一个过渡期，若不经过实习期而希望进入一些好的单位，那恐怕是白日做梦，难比登天。对于一些好的单位，就算实力再雄厚，它也不可能养一些只会说不会做的指挥家，因为它毕竟是以盈利为目的的，它不是慈善机构，不会白养一些对自己没有用处的员工。它需要的是人才，去了就可以上岗的人才。你不经过实习期，去了什么都不懂，说起来夸夸其谈，做起来就目瞪口呆、手忙脚乱，就算企业没有解雇你，你自己可能也不好意思再待下去了，所以不要轻视实习期，要认真对待这段宝贵的时光，处理得好了就有可能改变你的一生。

别因学历而自卑

很多走向社会的大学生，博不精专不透，名虽扬实不够，高不成低不就，总是找不到适合的职位。这是一种普遍的社会现象，他们骨子里认为，自己寒窗十几年，就算不能进个政府机关跨国公司，起码也得坐个办公室拿个高薪吧。这种想法是不对的，因为付出与回报是成正比的，在你想要得到那么多的时候，首先应该问问自己付出了多少。眼高手低是不可取的，要从客观实际出发，放低要求，摆正心态，心态决定命运。

别只看到自己付出了这么多，总是埋怨社会的不公，总是感叹大学生不如民工，更有甚者自暴自弃认为大学白上了，上大学没用，后悔当初没有出去在社会上闯荡，认为如果不是上学，自己现在可能已是名车洋房、佳人相伴了，觉得这么多年是在浪费时间、虚度生命。如果这样想了，就表示这个人看待事物是片面的，也就注定了他今后不会取得多么大的成功，据有关数据透露，75% 的成功人士都是高学历。

一、摆正心态，放下姿态

人生活在这个世界上，最重要的就是心态是否健康。因为生活中的成功机遇不是时时都出现在你的身边，相反，困难和挫折常伴随你左右。

在困难和挫折面前，最可怕的是心态。心中有阳光，才会全身灿烂；心中充满欢乐，才会满脸微笑；心中充满自信，才会勇往直前，锐不可当。换一份心情，变一种心态，转一个角度。

二、学历不是所有

这里包含两方面的意思：

首先，不要因为你的学历不高而产生自卑心理。学历不代表能力，同样一个职位，高中生就可以胜任，而有的大学生却不能将其做好，这就是能力的问题。业务员这个职位就是最好的例子，一个成功的业务员必定是一个成功的演讲者，他能够吸引客户，能够很好地与人交谈、交心，以达到交易的目的。

这个职位不需要你有多么高的学历，它重视的是你的社交能力，一个成功的业务员、销售人员就是高薪的代名词。与你同时竞争一个职位的人，或许是本科、硕士甚至是博士学历，而你只是大专学历，但这又有什么关系呢？用人单位并不需要装饰的“花瓶”，它们需要的是真正能够办事的实才。所以不要自卑，尽管你只是大专学历，学历只能从侧面反映一个人的才能，请相信学历并不能代表一切，你并不见得没有一点儿机会。

高学历不代表高能力，也有可能是书呆子。

其次，不要以为自己的学历高人一等就胸有成竹，把宝完全押在自己的学历上，一副万物皆备于你、非你莫属的样子。现今媒体的力量是不可小觑的。近年来，我们常常可以看到很多学习上的天才，生活中的傻子。市场就业压力的剧增，造成了用人单位的“理直气壮”。它们需要的是勤勤恳恳工作的人，而不是一些只知道坐在办公室里夸夸其谈的“人才”。如果这时你能有意识地忽略自己的学历，或许可以更加顺利地获得自己想要得到的职位。

三、经营社会关系

天时、地利、人和，天时可以靠天，地利亦可靠地，但是人和得靠自己。社会是人的社会，更是利益的社会，只有处理好人际关系，才能活得轻松。找工作不是你一个人的事情，而是一群人的事情，父母兄弟、亲朋好友都会跟着着急，如果他们的热心过了头，说了一两句失言的话，请你不要怪他们，因为那是善意的，只是表达的方式不对而已。

试想，如果他们对你的事情漠不关心爱理不理，你会是什么感受呢，也许你会觉得人情冷暖世态炎凉。这时的你，如果不懂得维护好各种关系，就会起到火上浇油的作用，很容易在这个当口给家庭成员之间的关系造成芥蒂。

从另一个角度说，你要善于维护好各种关系，为自己的就业调动家人、亲朋、师长，抑或是恋人等一切积极因素，打造出和谐的环境，这会更有利于你找到一份儿好的工作。个人主义的时代已经不复存在了，现在是一个合作的时代，需要的是团队的力量，合作的力量。

四、切忌刚愎自用

做事不要刚愎自用，特别是那些在学校里春风得意的人。其实这个世界很大，在校期间，你也许是人中的龙凤，但到了社会上，你的那点儿才情才智就未必灵验了。骄傲使人退步，虚心使人进步，这句话在近年来颇受人们的质疑，但是其作为一句古语，必然会有其有意义之处。唯我独尊的习气，会害人不浅，在韬光养晦中，机会或许更加愿意垂青于你。

虚心总是没有错的，金无足赤，人无完人，你不可能凡事都做得对，尤其在你得意的时候，要尽量地掩饰起自己的得意来，就算是装腔作势，也好过赤裸裸地不知天高地厚。人们是不会喜欢那些自鸣得意的人的，如果你过于刚愎自用，那么就会得罪许多人，一旦你真要出了什么差池，大多数人是会落井下石的。他们会打开场子，围你在中间，说着“活该”“谁叫你能”“叫你显摆”等这样的话，尽情地看你的热闹，到那时你才知道夹着尾巴做人的道理，就显得有些迟缓了，由此而失去的，恐怕不仅仅是颜面。

五、人要争一张“脸”吗

打肿脸充胖子，是为了面子；人活脸树活皮说的还是面子，简言之，面子就是脸，就是那个最容易引起别人注意的东西。中国人常讲一句话，“死要面子活受罪”。通过以上种种说明一个道理：中国人还是好面子，生活中这类人还是不少的。有人以死相拼，原因只不过是邻居家的大狗咬伤了自己家的小狗，争执不下而引起的，这类事件屡见不鲜。大学生也是一样。有一部分人在校时为了面子，逼着父母出血为自己买名牌服装、名牌手机、名牌电脑，甚至名车，再留个时髦的发型开着时髦的跑车感觉在同学面前赚足了面子。毕业后眼高手低看不上这个工作，瞧不起那个工作，觉得干那些自己会没面子，从而错失良机。

事实上，在校时成绩好和周围人相处得好的人才叫有面子，毕业了能在平凡的岗位上干出不平凡的事情那才叫真正的有面子。凡事都要讲究面子上过得去，大学毕业的当口儿，面子问题就表现得越发突出了，同学间的相互吃请，分别前的礼品馈赠，处处都费尽心机，花钱如流水。其实，这样的折腾到底能换回多少面子？这样换回来的面子又在多大程度上能够给予你有益的帮助？热闹背后，你，乃至你的亲人又要为这昂贵的面子背负怎样的负担？这些你都没想过？

还有这样的人，为了光彩的面子，不惜去做不光彩的事情。比如有的女生竟然将半裸“低胸照”和展现自己“魅力”与“活泼”的VCD当作求职的敲门砖。曾经有一份报道称在某所大学里，一个班竟然会个个都是班长、团支书；有的同学甚至暗地里找人制作各种假证书，来强调自己的多才多艺和虚假的辉煌等。抱着侥幸心理，投机取巧，把假学历、假证书、假荣誉当作就业的救命稻草，还以为这样做是走捷径，到最后却搬起石头砸了自己的脚。

真正的面子不仅是别人给的，更是自己赚的，它不需要陪衬，不需要装饰；真正的面子，是真实的、是本来的面目，这样的面子最真实，也最可贵。你不必为了亏欠的金钱和情感而内疚并背负沉重的负担，不必为了讨好谁而丧失掉自我的尊严，过得轻松，过得豁达而不猥琐，这样的人，才是有面子的人。

六、“肚子”大于天

除了面子问题，同时还有一些事情值得我们深思，那就是放不下架子。

很多人怕四处求职会让自己很没面子，怕请人帮忙找工作会让人瞧不起自己，怕找不到工作被人说成是废物，怕找不到好工作会让人看笑话，怕自己的工作没有同学的工作如意等。社会是经济的社会，人是经济的主宰，人活着就要消费就要吃饭。

当“肚子”和“面子”不可兼顾时，只能先解决“肚子”后考虑“面子”，这虽然显得残酷了点儿，但却关系到务实和客观的态度。怕丢人就把那张虚伪的面具撕下来，扔地上踩几脚。在择业的问题上，没必要为了死要面子而去活受罪。

Part 03 第三章

选择靠谱儿老板，莫要感情用事

一个好人，并不一定是个称职的老板。我们在选择自己准备追随的老板时，一定要冷静认识这一点。不能因为老板的脾气好、好相处，就认为他是一个值得追随的老板。事实往往相反，真正的潜力股老板，往往不一定好相处。

不要只顾埋头干活儿

据说，在鸟类王国里，没有鸟类不喜欢可爱的吉祥鸟，正如没有不讨厌乌鸦一样的。原因很简单，因为吉祥鸟更懂得处理与其他鸟类之间的关系，而乌鸦净做一些得罪人的蠢事。

为什么在职场中，很多员工埋头打拼了多年，却总是得不到提拔呢？为什么在同等条件下，有的人迅速得到晋升，在事业上一帆风顺，而有的人却一直停留在原地，不被赏识、不被重用呢？其实，一个人能否得到升迁，也许原因有很多，但其中最重要的一条就是：有没有贵人相助。一个人能否得到晋升，贵人的帮助起着很大作用。

很多时候并不是你的资历老、业绩好，就一定能得到较高的回报。如果得不到上司的青睐、贵人的相助，很可能会被压在玻璃台板下。

有句俗话说："七分努力，三分机运"。人们一直相信"爱拼才会赢"，但偏偏有些人是拼了也不见得赢，关键在于缺少贵人相助。在攀登事业高峰的过程中，贵人相助往往起到事半功倍的作用，有了贵人相助，不仅能替你加分，还能加大你的筹码及提高成功概率。

因此，要想顺利晋升，跟对职场中的贵人，这是很重要的一件事。有贵人相助，对自己的事业或工作是极其有益的。我们不难发现，那些自己创业当老板的，无论他现在的事业有多大，都或多或少地得到过贵人相助。

那么，该如何去抓住贵人，为自己创造晋升的条件呢？这就需要从以下几点做起：

一、学会识别贵人

要想得到贵人的帮助，首先要学会识别贵人。很多人有眼无珠，拿贵人当凡人，结果白白错过大好机遇；更有甚者，拿贵人当对手，结果只能是多走更多的弯路。

因此，如果你现在正打算寻找一名贵人，以下两点是必须要记住的。

1. 选一个愿意帮助你的人，而不仅仅是有权势的人

一说到贵人，很多人都会想到身边那些握有资源、拥有权力的人。如果你是这种功利的想法，那永远都抓不到你的贵人。真正的贵人，首先是会真心帮助你的人，其次才是有能力帮助你的人。所以，决不要因为他人的权势而想搭顺风车，却对身边的贵人视而不见。

2. 摸清“贵人”帮助你的动机

一般来说，“贵人”肯帮助你，他们的出发点有很多。除了真正是基于爱才、惜才之外，贵人出手多少都带有一些私心。有些人甚至专门喜欢找人为自己做陪衬，用来彰显自己的身份。这时候一定学会识别真伪，不要被别人利用。

二、贵人来自何方

通常所说的“贵人”，可能是指某位身居高位的人，也可能是指令你心仪并想要模仿的对象。无论是谁，贵人都应该在经验、专长、知识、技能等各方面都比你略胜一筹。他们也许是你的老师，也许是你的上司，或者是你的某个朋友。

事实上，寻找贵人，切不可舍近求远，应该在自己的身边去找。比如你的上司，你接触到的成功人士，把露脸的任务、挑战性强的任务交给你的人，好为人师、对你絮絮叨叨的人，宽容的客户、挑剔的客户等都是你的贵人，简言之，主动与你打交道的人都有可能是你的贵人。

道理很简单，对职场中的人来说，最大的幸运就是有机会来学习、历练，需要有人告诉你什么是对的，什么是错的，需要有人给你指点

迷津，需要有人关注、品评你，这些远比靠自己去磕碰、领悟要来得效率高。如果能有这样明智的心态和视角，就具备了很高的职业成熟度，能够迅速判断出你身边的贵人，无论他是佛？还是鬼脸。

三、怎样抓住贵人

1．做好自己的事

也许有人认为，抓住贵人的最高境界，是被持有权力、享有资源的贵人认可并重视，然后被其授权和提拔，直奔成功。但是记住，这样的机会基本上不属于基层员工。如果你还是一名基层员工，你需要做的就是放弃过高的预期，把注意力放在做好眼前的每件事上来。最合理的做法是珍惜一切机会，忘掉自己的喜好，将你喜欢的、讨厌的、鄙视的、畏惧的，形形色色的人交到你手中的工作干好。谁不喜欢一个可以托付任务和责任的员工呢？又有哪个老板不是在时时观察着自己的下属呢？如果你做好别人交给你的每一件事，也就会得到越来越多人的认可。最终，贵人就会越来越多，机会就会越来越多。

2．搞好人际关系

一个人的人缘越好，他身边的贵人自然也越多。因此，要抓住贵人，一定要具有更高水平的交往技巧，把人际关系搞好。

3．扩大自己的工作舞台

有空儿时到自己不熟悉的部门看看，了解其他部门的工作性质。多接触其他部门的同事，扩大自己的人际交往圈子。

4．提高自己的人格魅力

在大多数人眼里，人格魅力是最不可捉摸的神秘因子，说它神秘是因为它只可意会不可言传。人格魅力是一种迷人的气质和个性魅力，拥有它，不仅可以让你受到更多的欢迎，也会让你像拥有磁力一样把周围的人吸引到你的身边。结果就是你拥有越来越好的人际关系，而好的人际又有利于你事业更好更快地发展。所以，如果在办公室里你能表现得幽默活泼、善解人意、豁达开朗，让同事充分感受到与你共事的幸运和兴奋，那么，各种回报将随之而来——邀请你做嘉宾，参加盛大的年会；在你遇到难题时会有人鼎力支持……原因很简单，你的人格魅力以及由此产生的亲和力让他们觉得你是一个值得信任的朋友。

5．过硬的业绩

贵人只喜欢帮助那些值得帮助的人，如果一个人本身一无是处，自然不能引起贵人的注意。而工作业绩则是衡量能力高低的砝码。突出的工作成绩最有说服力，最能让人信赖和敬佩。要想做出一番令人羡慕的业绩，就要善于决断，勇于负责；善于创新，勇于开拓。唯有如此，才能引起贵人的注意。

总之，命运往往把握在自己手中，只要用心努力了，就一定会有回报。有了“贵人”的提携，再加之你个人的能力与努力，你的事业一定会红红火火，会比别人早一步成功。

选择一个好老板

自古以来，大凡为人臣者，为实现人生抱负，在选择君主时，大都是择良主而事。而今在职场的选择上，跟对一个好的老板对个人的发展也至关重要。一个员工只有找到最适合自己的好老板，才能发挥自己最大的才能。

职场生存，拼的不仅是实力，更多的时候，拼的是眼光。有眼力选择一个好公司，有眼力选择一个好老板，就可以在的职场生涯中找到可以发挥自己才艺的人生舞台。

如果你是“良禽”和“贤臣”，那么，对你的人生职业，你该做出怎样的选择？或者具体地说，对于你的归宿地，该做出怎样的选择？

最好的选择就是找个好老板。遇到慧眼独具、善于用人的老板，他可以为你的人生插上腾飞的翅膀。就如同游鱼入海，飞鸟展翅，必然能有一番大作为。

有一个小伙子刚大学毕业，人很老实，也很有才华，可是人际沟通能力较弱，换了几家公司都觉得不行，每次总是被炒鱿鱼。没办法，他只有拿着简历到处求职。

后来，小伙子又进入一家公司。这家公司的老板很快发现，小伙子虽然沉默寡言，却对计算机很在行。一问才知道他以前学过一些计算机的技术，比较喜欢钻研，有上进心。于是老板向部门领导建议，结合本部门发展的需要，成立了一个计算机信息中心，让这个小伙子全权负责。虽然待遇没有提高，但名义上成了部门负责人。这个小伙子得到了认同，干得很开心，经常加班加点，毫无怨言。因为小伙子的努力，计算机信息中心搭建的平台大大提高了单位的管理效率，而小伙子本人，也迅速成为公司的骨干力量。

这个小伙子的成功之处就是找到了一个知人善任的老板，老板为他提供了一个发挥其潜力的平台，助其迅速成长。如果这个小伙子没有找对的老板，这个小伙子现在也许还是遭受被不同的公司炒来炒去的命运。因此，遇上一个愿意为员工提供成长平台的老板，就如同池塘里的鱼儿找到了大海，笼里的鸟儿找到了天空，结果就是越游越远，越飞越高。

老板的命运往往就是一个单位的命运，也就是下属的命运。所以，职前在选择单位时，选择好的老板胜过选择好的单位。

人在职场，难免会遇到各种类型的领导老板，但哪一种老板才更有利于自己的发展呢？一般来说，优秀的老板都具备以下特点：

1．懂得做人之道

一个人的思想观、价值观决定着他的行为取向，做人如此，做事也是如此。公司也是一样，公司的用人之道、经营之道与企业战略、隐形的企业文化都同老板的处世之道息息相关。一个严于律己、擅为表率的老板，才会让手下人尽心地做事情，才会让手下形成一个默契的能够实现工作目标的团队。

2．善于发现人才，重用人才

老板是一个配置资源的人，所以优秀的老板不是完成了更多任务的老板，而是能够给下属、给员工指明方向，然后利用各种人才，完成预定目标的人。能够把各种人才统合起来并形成团队力量的老板，就是一位好老板。

3．杰出的经营者

一个优秀的老板能够知道自己在做什么，也知道怎么去做，只有这样的老板才是最理想的老板。如果老板不知道自己在忙些什么，下面的人就更不知道从何做起，而这样的公司也很难经营得好、经营得长久。

4. 具有战略眼光

思想的深浅有时决定着路程的长短。一个有着远大战略思维的老板，不管在什么时候，他的目标都是唯一的，所有的行事处事之道，都应该符合整体战略要求。这样一个“着眼于现在，放眼于未来”的老板，肯定是所有人都希望投靠的老板。

其实，在职场中，并没有绝对意义上的好老板，只有适合自己的才是最好的。有些人跟随比尔·盖茨实现了自己的价值，有些人跟随李嘉诚使自己能力得到了充分发挥，但是如果把他们互换一下，结果如何就难以预测了。

选择一个好老板，等于选择一个好公司，就等于选择一个光明的未来。让我们睁开智慧的双眼，然后给自己选择一个美好的未来！

寻找“潜力股”老板

什么叫“潜力股老板”？也就是指那些正处于创业阶段的老板，他们虽然还未成功，却都有成功的潜力和素质。他们刚起步时大多处于逆境，并且在逆境中苦苦挣扎，最后终于抓到了好的发展机遇，然后成就了一番事业。

想当年与牛根生创业的人，与娃哈哈老总创业的人，与希望集团老总创业的人，与通化东宝集团老总创业的人，与史玉柱创业的人……这些人都找到了自己的“潜力股老板”。

这些老板当年虽然都还不发达，但都有巨大的成功“潜力”。于是就有一些富有远见和耐心的人，与他们走到一起来共同创大业。当企业辉煌的那一天，这些人都实现了自己的人生价值，成了企业的有功之臣。

那么，我们该如何去识别这样的能人？他们在哪里？怎样才能找到他们？

一般来说，这些“潜力股老板”主要具有以下特点：

1. 他们胸怀大志，非常有责任感，就像宝刀和宝剑，随时散发着耀眼的光芒；

2. 他们言必信、行必果，说过的话永远不会失效；

3. 他们都有强烈的求知欲望，对新鲜事物总是特别有兴趣；

4. 他们尊重知识，也重视创新的人，更懂得如何去珍惜人才，时间再忙也要抽出时间去关心员工的生活；

5. 他们意志坚定，谁也打不垮；

6. 他们社交能力非常强，身边朋友多，朋友的层次都很高；

7. 他们大智大勇，爱追求，敢冒险。同时，他们又决不蛮干，知道如何去规避风险，更不会为了私利去冒险；

8. 他们脚踏实地，优秀的老板做事前都会事先想好自己要达到的目标，并为自己设计一定的计划去达到目标，在这个过程中，一步一个脚印地去做。

9. 他们视野开阔，思维超前，他们的观念十年二十年都不过时。

10. 他们非常善于合作，与外界合作，与政府合作，与技术人才合作，与员工合作；

11. 他们有担当，即使面对坏的结果，面对责难，是自己的责任，就会承担下来；

12. 他们都是精力比较旺盛的人，能够长期坚持不懈地工作；

13. 他们原则性很强，是在大是大非面前最能沉住气的人；

14. 他们通过赚钱来实现自己的个性价值，却从不把钱太当回事儿；

15. 他们不以己为重，重视的是事业，事业才是他生命的核心。

上述是对“潜力股老板”的一个简单描述，你要做的就是：找到这样的老板，然后跟紧他，与之和谐相处，与之共患难。这就是成功的捷径。跟随能干大事的人你会不发达吗？除非你的能力和品德太差。这叫借船出海，借力打力。

然而，这样老板，怎样才能找得到呢？

其实，真正能成大事的人有这样一种特点，当你真正有机会走近他的时候，你会感觉到一股强大的吸引力——极好的修养和人格魅力。这样的人像一缕阳光，照得你通体温暖。和这样的人在一起做事，即使身体很辛苦，但是心永远也不觉得疲劳；即使你得不到任何实惠，但是你仍然觉得收获了许多。因为从他的身上，你学到了企业管理的学问和做人的学问，学到了许多先进的知识，这种精神上的收获远胜于物质上的收获。

在这样人的身边你永远都会有安全感，职业的安全感。只要真诚地与他合作，你就有机会释放出你的能量，最大限度地去发展自己。和这样的人在一起，你永远都不会失望，因为他给你最大的财富就是希望。

如果你有机会遇到这样的人，不管他当时处于什么样的地位和环境，你都要跟随他，尽可能地给他帮助，总有一天你会发现这个金子不会在土里埋得很久，很快就会闪耀灿烂的光芒。

与他们在一起的每一天都会有无穷尽的收获，他的成长也是你的成长，与君共繁荣，与君共富贵，与君登高望世界……只要你有机会与巨人站在一起，你真就成功了一半。

多与老板沟通

对于一名员工来说，最大的苦恼莫过于工作努力，却得不到老板的赏识。美国人力资源管理学家科尔曼曾说过：“职员能否得到提升，很大程度不在于是否努力，而在于老板对你的赏识程度。”有些员工任务完成得很好，业绩也不错，但老板却并未因此重视他。老板赏识一个人，除了工作和业绩外，还有许多其他的因素。

于是，如何得到老板的赏识，成了大多数员工必须面对的问题。

一、主动向老板报告自己的工作进度

一个老板统筹着公司的全局，他希望知道工作的进展，但作为老板，他又不可能时时追问员工。一方面老板的事情多而繁杂，不可能面面俱到；另一方面，他也知道连连的追问会给员工带来压力。而这个时候，作为员工的你就要做点儿什么了。你最需要做的就是主动向老板报告自己的工作进度，一方面是为了让老板放心；另一方面，沟通也可以及时发现工作中的错误与不足，进而进行调整，避免小的错误铸成后再纠正，从而耗时耗财。

另外经常向老板汇报工作，让老板知道你的工作进度，可以让老板迅速对你产生好感。管理学上有句名言：下属对我们的报告永远少于我们的期望。可见，老板都是希望从下属那里得到更多的报告。因此，做下属的越早养成这个习惯会越好，老板一定会喜欢你向他报告的。

二、回答老板的询问时要做到：问必答，答必详

许多员工在回答老板问题时不太注意回答方式，不正确的回答方式可能让老板私下里觉得很不舒服——

“李秘书，昨天下午说过的那个报告今天下午一定要交给我！”

“知——道——了，老——板，你没看到我正在整理吗？”

如果下属这样回答老板的问题，老板可能当时不说，但一定是非常不喜欢。因为你这样的回答给他的感觉就是漫不经心，还有好像老板在没事找事一样。其实，你只要回答“好的，一定准时给您”就可以了。

如果老板问你话，一定要有问必答，回答的时候一定要详细，这样老板可以更清楚地了解情况。另外，回答的时候也要注意礼貌，一定要使用敬语“您”，同时要站起来回答老板的问题。不要小看了每一个细节，因为正是这些细节，不仅体现了你的修养，也体现了你对老板的尊敬，能够让老板找到有权威的感觉，这对于老板来说，是绝对必不可少的。我们常说“细节决定成败”，并不夸张，不要忽视任何一个小细节，想要让老板喜欢你、对你满意，就要在细节上多下功夫。

三、跟上老板的思维，了解老板的语言

做下属的，要跟得上老板的思维，这样才能够揣摩老板的语言，知道老板的“言外之意”。通常，老板思维都会转得比你快。这也没关系，重要的是，你要学会跟上老板的思维。今天他能有资格当你的老板，肯定有他自己的独特之处，有比你厉害的地方。因此，你不仅要努力学习专业知识，还要学会跟上老板的思维，当他说出一句话时，你能知道他的下一句话要讲什么。这样做并不是让你讨好老板，而是要你早早想好应对之策，千万不要当你的老板已经想到十年之后的发展宏图了，而你才看到下个月的计划。如此的差距，你又怎能得到他的提拔与重用呢？

不想当将军的士兵不是好士兵。做下属的想超越他的老板，是非常可贵的精神。员工想要超越自己的老板，首先要学会老板的思维，然后再谈超越。只有这样，才会不断地充实和提升自己，最终才能赶上并且超越老板。

四、知错就改，不犯同样的错

看过这样一个故事。日本一家电器公司的老板准备物色一位职员去完成一项重要的工作，在确定人选时，他只对前来的应聘者提出一个问题：“在你以往的工作中，你犯过多少次错误？”最终他把这项工作交给了一个犯过多次错误的员工。开始工作前，他给这名员工一本《错误备忘录》，同时叮嘱他：“你犯过的错误都属于你的工作成绩，但是你要记住，同样的错误你只能犯一次。”从这个故事中不难看出：老板会给员工犯错的机会，但不希望下属犯同样的错误。

人非圣贤，孰能无过？所以，在工作中我们犯过错误很正常，但聪明的员工会在每次犯错误之后，接受教训，及时总结经验，避免在以后的工作中再犯同样的错误。一个人犯第一次错误我们可以说是不知道，但如果再犯同样的错误，无论你有多么冠冕堂皇的理由，也是老板不能接受的。所以，如果你犯了错误，那就这样对老板说吧：“老板，您放心，这是我第一次犯这个错误，也是最后一次。”当然，说并不重要，重要的是你以后在工作中真的认真去做，不犯同样的错误，如果你真的做到了，那你的老板肯定会更加赏识你。

五、了解老板的处境，尽力帮助他

老板在工作中出现失误时，千万不要幸灾乐祸或冷眼旁观，这会令他极为寒心。你应该帮他总结教训，多加劝慰。指责与嘲讽只会把你们的关系弄僵，使矛盾激化。换位想想，如果你犯了错误遭遇失败时，也是希望得到别人的帮助、劝慰，而非冷嘲热讽甚至落井下石吧，如果你能体谅老板的处境，并且在他需要的时候伸出援助之手，你一定会得到老板的信任，以后老板也会对你另眼相看。

六、接受任务时毫无怨言

最完整的人事规章，最详细的职务说明书，也不可能把员工应该做的每件事都讲得清清楚楚，毕竟，和每个家庭一样，作为一个公司，总有一些临时工作需要员工完成。假如公司一位重要的客户要过来，为了表达公司的友好与诚意，公司决定派人接待他。这是临时的事情，职务说明书里是不会有的。如果你被派去接待客户，如果你说："凭什么要我去？我已经下班了，而且这并不是我的工作！"这样计较，很可能就使你难有出头之日。毕竟，在公司最需要人手的时候，你却临阵而退，相信每一个老板都不喜欢这样的职员。相反，如果安排你去做，你毫无怨言地答应，结果就可能是你的老板会非常感激你，即使当时不说，他也会利用另外的机会表扬你、奖励你、回报你。

人不要太斤斤计较。中国有一句话：失之东隅，收之桑榆。意思就是你在一个地方付出了，就会在别的地方得到回报。在今天这个社会，这句话依然有效。毕竟，一个公司的成功要靠全体人员的努力，所以，当公司有临时任务派到你头上时，别抱怨，积极地接受吧，相信你的付出有人看得见。

七、对自己的工作主动提出改善意见

对自己的工作提出改善意见，是很难做到的事情，毕竟，人在其中的时候很难发现问题，正所谓"旁观者清"。但作为工作的执行人即使难做，你还是要做。不要等到你的老板说："各位，我们来研究一下，工作流程是否可以改善一下？"如果出现这种情况，那你就要好好思索自己的工作了。所以每过一段时间，你应该想一下，工作方法有没有改善的可能？工作进程有没有提前的可能？如果你是你所干工作的专业人员，而你的老板不是，最后却由他提出了改善计划，想出了改善的办法，这个时候，你可以考虑走人了；即使不走，你也应该感到羞愧。看到这里，你也许会说，我的工作流程都很完善。事实上真是这样吗？我想不是，任何一个工作流程都不可能是十全十美的，都有改善的余地。我们没有去改善，不是因为它完美，而是因为我们懒惰，安于现状。当大家都不想改善时，而你却做到了，那么出头之日离你也就不远了。

八、了解老板的喜好

我们每一个人都喜欢听赞美的话，这是毫无疑问的。你的老板也不可能摆脱这种心理。部下要了解老板的喜好，倘若你在汇报中插入一些老板平素喜欢使用的词，不仅会勾起他和你聊天的兴趣，还有可能让他有种遇知音的感觉。而你和老板交流的机会越多，老板发现你潜质和能力的机会也就越多。所以，你除了要了解你的工作，还要对老板的工作习惯、业余爱好等都要有所了解。如果你的老板是一个体育爱好者，你就不应该在他的球队比赛失败后，去请示一个需要解决的其他问题。一个精明老练、有见识的老板是欣赏了解他，并能知道他的愿望与心情的下属的。

跟随卓越的老板

中国有句老话:“兵熊熊一个，将熊熊一窝”，说明领导者的重要性。一个老板是否有能力，决定着企业在市场中的地位。

纵横欧洲的“常胜将军”拿破仑有句名言：一只狮子率领一群绵羊组成的部队，可以打败由一只绵羊带领一群狮子组成的部队。这句格言有两层意思，一是一个优秀的指挥官，可以将一支平庸的队伍调教成富有战斗力的队伍；二是一个平庸的指挥官，却能将一支富有战斗力的队伍，调教成平庸的队伍。一个优秀的老板就是一头率领一群绵羊的“狮子”，只有跟对这样的老板，你才能成为优胜者。

没有不会打仗的士兵，只有不会指挥的将领。在一个团队里，如果只是队员能力弱，那就只代表他一个人弱；但如果领导能力弱，则整个团队都随之变弱！聪明的员工应该学会观察你的老板，看他是否具备常胜将军的特质，能否带领你走向胜利的巅峰。如果不幸你跟随了只会打败仗的老板，那你的命运也可想而知。

电视剧《亮剑》的主人公李云龙就是个“常胜将军”，他手下的兵，也一个个都是“常胜士兵”！我们不妨看看下面这些镜头:

在松云岭突围战中，李云龙的独立团遭到日军机关枪的疯狂阻射，一个叫虎子的普通士兵抱着手榴弹与敌军同归于尽，用生命为独立团打通了突围通道;

骑兵连连长孙得胜，在华北大扫荡时被日军包围，最后只剩下他一个人，却仍然高举马刀进攻，直到战死;

李云龙从被服厂调回独立团当团长时，不忘把自己的老部下张大彪调来当副手，李云龙称赞张大彪有两个优点：你小子第一是打仗不含糊，第二是执行力强；

李家坡之战，李云龙向旅长请缨："师属炮兵营暂时由我指挥，就这点儿要求，拿不下李家坡我也用不着提着头来见你，因为那时我肯定已经躺在山坡上啦。我只能向你保证，我们独立团全团一千多号人决不会有人活着退出战斗。"突击队的人没有人会活着退出战斗，这种精神不仅是一种执行力，更是对人格的认可，是一种同生共死、同仇敌忾的情谊；

李云龙命令分散在各地的连队进行刺杀训练。这是没有办法的事，部队缺乏御寒的棉衣，不活动活动就会冻死人。有些连队只有一两件棉衣，只有哨兵上岗才能穿。李云龙认为与其让部队冻得乱蹦乱跳，不如练练刺杀，既练出一身汗又提高了战斗素质。他的兵都是强将，实战锻炼兵：不要怕受伤，伤肋骨算不了什么，宁愿在训练中受伤，也不愿在战场上送命。他将全营优秀战士组织起来成立加强排，打仗时候变成突击队伍，而且马上成立。为了选拔有能耐的人，李云龙不惜摆下杀猪大宴，肉是给有能耐的人吃的。有能力的吃肉，没有能力的连汤也喝不上，是条汉子的就站出来，和老子过过招儿，让大家比赛。

李云龙带的将都是不怕死，打仗不含糊，执行力强的人，比如张大彪、孙得胜、段鹏。他带领的整个部队都有一种气概，就像干柴只要有一把烈火，马上就点起来了，而李云龙就是这样一把烈火。

世界上最好的企业是军队，因为军队里有最严格的等级，每一个等级选择的都是最优秀的人才，而每一个人对于命令都要毫无异议地执行。一支部队通常有三类人组成：帅——用宏观战略的眼光去运筹帷幄、决胜千里之外；将——善于带头冲锋陷阵，独当一面；兵——服从命令，并且有效执行。俗话说：千军易得，一将难求；千才易得，全才难求；欲治兵者，必先选将。熟识韬略者，让他运筹帷幄；勇猛无畏者，让他持刀杀敌。

对于员工来说，选择老板就是选择带领自己打仗的将军。如果你选中一位常胜将军，那么恭喜你，你也必将成为一名“常胜士兵”；如果你选中一位“常败将军”，那么对不起，你只能在战场上成为别人的战利品。

好上司助你成功

赖兹是世界级的管理大师，他曾经说过一句名言：“很少人能单凭一己之力，迅速名利双收；成功的骑师，通常都是因为他骑得是最好的马，才成为常胜将军。”这句话给在职场中奋斗的人们，提供了一个非常关键的方法：不要事事亲自动手，想法子找匹马骑着。比如：第一匹马是你的老板；第二匹马是你的顶头上司；第三匹马是同事。

在这一方面，顶头上司的作用，则显得尤其重要。他就像坎坷职场中的一匹骏马，可以更快更稳地带着你走向成功的终点。

如果你留心听成功人士的成功之道，你就会惊奇地发现，在他们还在打工时，他们就选择了在最精明、最出色、最有能耐的人手下工作。用一匹好马来比喻一个好上司最恰如其分，而对一个刚刚踏入社会的职业人士来说，则更像一位毫无经验的年轻骑师。好上司无疑是一位良师益友，他可以缩短你的成长过程，让你在最短的时间里、最短的路程内学习到其他人需要花费很多时间才能摸索出来的东西。

那么，跟对好上司，具体能给我们带来什么帮助呢？

一、好上司能让你学到东西，不断取得进步

一个好的上司一定是以自己的才与技服人，以自己的德与理管人，跟随这样的领导，不仅可以在专业上提高自己，还可以学到他身上待人处事等属于人格魅力的东西。面对这样的领导，你所需要做的就是具备一颗好奇和上进的心，像一块儿没湿水的海绵一样，等待新知识和经验来充满你。

二、好上司可以成为你学习的榜样

我们常说，榜样的力量是无穷的。而好的上司就是我们学习和模仿得最好的榜样。工作中难免会出现这样那样的人。这样那样的问题，而面对这些人与事时，上司的处理方法最直观地展现在我们的面前，好的上司总是可以用最科学、最人性、最有效的方法给予解决，这无形中就可以成为属下仿效的榜样。所以，千万不要低估一个好上司的影响力量。对于一个团队来说，这是检验它是否具有战斗力、是否团结的重要标准。

三、好上司懂得承上启下，让你有机会得到老板的重用

一般来说，上司的上边还有老板，他的作用就是承上启下。而好上司和一般上司的区别就在于，他善于发现手下的长处和优势，然后给你很好的启发和教导，让你最大限度地发挥自己的优势。还有一个重要的区别是，好上司懂得如何承上启下，做好老板与员工的协调工作，让你有机会得到老板的赏识与重用。

四、好上司能调动你的工作积极性

上司也是普通人，也面临着各种各样的问题，尤其是在公司经营出现问题的时候，他个人的情绪当然会影响他的团队成员的情绪。不过，好的上司善于在不利的局面中把握积极乐观的一面，从而起到中流砥柱的作用。在这样的上司手下工作，你不会因为一点儿小小的挫折便一蹶不振，而是能迅速地调整自己的情绪，永远保持积极的斗志。

跟对好的上司，不仅关系到你平常工作顺利与否，更对你的事业成败有着举足轻重的影响。好的上司，是“智商”与“情商”的有机结合体。他（她）既是上司，又是师长，在他（她）的领导下，下属的主观能动性得到了充分的发挥。

职场中人最大的幸福，不是拥有高薪水和好的待遇，而是碰上一位好上司。因为薪水和待遇都是可以在日后的环境中改变的，而碰上好上司却关系到你的发展前景，甚至关系到你职业生涯中下一次起跳时起点的高低。

大树底下好乘凉

很多人都喜欢看香港的黑帮电影，其中的常见镜头：两帮混混相遇，推搡叫骂之后便会互问堂口：“小子，跟哪儿混的？”如果后面的大哥够硬，对方可能扔下句台面话就让步了；一旦后面大哥不够硬，一场厮杀便在所难免了；若是后头没有大哥罩着，嘿嘿，那就只有被收拾的份儿了，最后还要跪地求饶以保全小命。

大家都是受过教育的文明人，当然不会在职场上血溅办公室。正因为如此，所以职场中的帮派、山头、地盘之类的东西更显得微妙且更为难把握，相信不少朋友都有过这样的经历：在莫名其妙的状况下被狠狠地踩了一脚，更有甚者丢了工作。到底是为什么呢？或许犯忌了自己还不清楚吧。

在世界上存在政党政治的那些国家里，只要是当选为最高行政长官者大都有着很硬的政党背景。即使个人有再大的能力，再崇高的人格，如果没有政党后援，也会成为复杂政治竞争下的牺牲品。如此说来是不是想从政胜算越大，加入的党派就要越多呢？显然不是。在这里，政治人物同样存在“一根钢丝”的选择问题。在政界上，一个总是游离在两个对立党派之间的人，政治寿命最短。

职场也如黑社会、政界。所以也存在不同的帮派，不同的政党，更多的情况是，既没有明显的派别，也没有明显的圈子，有的只是一种感觉、一种氛围，甚至只是传闻。从小到大，所受的教育都要求我们做人一定要诚实，正直，勤劳，与人为善，服从组织安排，善于与人合作。许多人一听到“职场政治”，便会在心里产生强烈的抵触。

其实平心而论，世上又有几人愿意生活在战火硝烟中？喜欢不停地搞争斗呢？正验证了那句：“人在江湖，身不由己”。没错，有人的地方就有是非，有利益的地方就有政治，这是我们必须接受的一个事实。

常言道大树底下好乘凉，因此，身在职场的你，除了搞明白最基本的工作职责和内容外，还必须搞明白一件事，那就是企业里有几棵大树，哪一棵大树是你想靠的或者能靠得上的。因为你不可能在几棵大树底下同时乘凉，如果他们之间存在利益冲突或者关系不和，如果你没有能力永远脚踏两根钢丝，那么，你必须在其中做出选择。

很多朋友都知道 “人生四大喜事”这一古话， 但同样自古流传的这句“人生四大悲事”，知道的人就少之又少了吧。 “少无良师”就是其中的一句，意思就是年轻的时候没有好的老师来指导帮助。同理，黑帮里的良师是什么？就是罩小弟的老大，职场上的良师是什么？就是你的大树。

大树的好处之一：可以使你幸免沦为职政的牺牲品。

但凡第一个在权力斗争中失足的人，肯定是没背景的人。因为这类人最符合替罪羊的首要条件，牺牲这类人，双方的紧张局势便会有所缓和，且不会为双方带来任何后患。说句题外话，有一次我跟几位权力部门的头头吃饭，吃到一半，头头 A 说：某地有一个违法企业。头头 B 马上问：背景多大？头头 A 答：应该没有。头头 B 一听乐坏了：那就赶紧做了！“哇！这不就是香港电影嘛，几个够硬的大哥在划分地盘，最容易牺牲的便是那位没有大树的企业头头”，这就是我当时的第一反应。

大树的好处之二：套用一句古话“一人得道鸡犬升天”

现在世面上名人自传数不胜数，随便一翻，每位名人都似神人一样，什么天赋异秉，什么文成武德，什么凭着种种能力，什么艰苦勤奋一步一个脚印，更有甚者坐火箭一样一溜烟从小职员升到大总裁。当然，这些人能力强，业务出色我不否认。但如此成绩真的都是靠个人奋斗得来的吗？特别是民间流传的一些名人事迹，比如前台接待做到总监，勤杂工做到总经理，技术员做到老总，成功人士在自传里当然要特别强调成功来自于个人的奋斗，也是为了鼓励后进。但实际情况又如何呢？

大家可以去翻翻前两年超级流行的一本自传，自传中那位洋同志号称自己是世界第一CEO，你去看看他的前二个老板最后都做到什么职位，在那个高手如林、号称CEO摇篮的公司，上头没人罩着，他能平步青云？如此快地坐上第一把交椅？

无数事实证明，要想进步快，就得有人带——职场就是这种现实。

再翻开某位IT女强人的自传，多年前可谓火爆一时。当年我还是一个初出茅庐的小伙子，初看此书真是感叹，世间竟有如此超凡的人物，竟有如此传奇的人生，呵，当时我简直把她当成神仙看，一个低学历小职员，硬是凭着一股韧劲儿和本事做到业界最强公司的中国区总经理，在她的自传里，满篇出现频率最高的就只有两个字：NB。可如今她又混成什么样子呢？近几年当我再度第三遍重温她的自传时，我已明白了她今时的下场。为什么？说白了，她只是个职场政治艺术的低能儿，她的发迹是中国改革开放初期的特殊产物，政治背景特殊，根本就没有普遍意义。当她拿着老三篇离开待了十几年的公司，独自打世界时，不管是以什么崇高的理想作外套，结局都已注定。

俗语道：进门先问主人是谁。不少打工的人都进门半天了，东打招西握手的，自我感觉良好，气氛愉乐融洽，到头来连主人是谁都没搞清楚。自己是小人物也就罢了，反正斗争一时半会儿也不会与自己沾边，可你切记不要自得。不就是职场政治嘛，我处理得很好，走钢丝而已，只要平衡一切OK。依我看，那是你分量不够，一个小弟几时会轮到对大哥们分地盘提意见。比如我刚才提到的那位女同志，顶风而上，呵，顺风而行岂不是更省力更快么？这名字就透着股不吉利。

一个人能在职场走多远，飞多高，决定因素有很多，但无论怎样，有一棵大树罩着你，有一个团队在支持你，永远胜过赤膊上阵打天下。

大树的好处之三：走捷径高成长

在现实生活中，名校毕业生有着很大的优势，甚至一些企业提供的入职起薪，对不同学校毕业的学生也有不同的标准。这自然会引起许多非名校毕业生的不服气，认为自己的综合素质和能力并不比名校学生差，而且的确有不少非名校生通过努力，在人生发展的舞台上光彩照人，更胜名校生一筹。但在人们的普遍观念中，名校的地位牢不可动，考入名校，本身就意味着超乎常人，以后的人生发展也会顺风顺水。

很多人认为社会对这方面的认知带有偏见，只论学历文凭，不论综合实力。然而这种所谓的偏见却不是空穴来风，不论名校的综合实力或是竞争力，普通高校都是难以企及的。常言道“环境造人”，同样的学生，在不同的学校，的确很有可能变成不同的人。中国自古就有云：名师出高徒，强将手下无弱兵。在普遍意义上，这是非常有道理的。例如，我认识的一位哈佛商学院毕业的朋友，毕业至今就凭着哈佛商学院这块儿牌子倍受推崇，一块儿知名的牌子就足以使人“鲤鱼跳龙门”，是因为哈佛被社会所信赖和崇拜，从那里出来的学生，受到追捧也就不难理解了。

Part 04 第四章

理性对待上司，正确处理关系

这不是一个单打独斗、英雄逞强的时代，这是一个必须强调专业分工、团结合作的时代。有人说，现代的管理应发挥象棋的特色，互依互赖，相互支持。在棋盘上，象棋的十六个成员，可以各自独立作战，不必也不能依赖他人；但是他们之间，却是互相合作的。因此，作为职场中人，搞好人际关系就显得特别重要。

正确处理与上司的关系

职场中每个人都有一个直接影响他事业、健康和情绪的上司。上司无疑是与你最有缘的人。是他在面试时决定了你是否被录用；是他在工作中分派给你任务，同样是他对你的评价和认可，决定着你未来的升迁和发展。即使到了新的公司，原来上司的评价，仍然可能成为新公司调查背景时考查你的重要参考依据。

因此，如果能够得到上司的赏识和信任，你将会为自己的职业生涯开辟一条更为宽广的道路。再进一步说，你能和上司建立彼此信任、融洽的工作关系，这一点尤为难能可贵。因为这个时候，你和上司之间就不仅仅是上下级的关系，它更有可能成为你职场中最重要的人脉关系。曾经的上司是否愿意再次与你共事，也是衡量一个人职业品格的重要标尺。

有些人平常很注意上下级关系处理，但在诱人的新机会面前，也顾不得自己的职业操守和上下级感情了。比如，离职时不提前通知，没有预留足够的交接时间；离职前的工作敷衍了事，影响全局工作正常开展；更有甚者，不仅不遵守公司的离职管理规定，还因为要走了，以后都不受其管束而与之发生尖锐的矛盾冲突等。这样的员工，不管能力如何，做人未免失败。职场这个圈子说大不大，说小不小，越往高处发展，同事、客户、职场朋友的口碑效应越重要，这点不容忽视。

阿苑，曾经是许经理的下属，之前她们素不相识。两年前，恰逢人力资源的职位有空缺，于是许经理的朋友给她推荐过来了一个人，这个人就是阿苑。

阿苑时常感慨地说，如果不遇到许经理这些“贵人”，她的人生会大不相同，不会拥有这么多机会，不会拥有现在顺利的事业和幸福的生活。没错，她的事业和生活，的确会由此而截然不同，就连后来她的老公，也是许经理介绍的。但这一切，何尝不是阿苑自己努力的结果，也是她的性格及人品使然。

阿苑在工作中认真、努力，总是出色地完成任务，为许经理分担了许多工作压力，给予了很多帮助和支持。但更为重要的是，她正直、坦诚、重情义，这使得他们之间的同事之情得以升华。同时，许经理也不仅是她上司，更是知她、懂她、可以倾听她的工作和生活故事并给予建议的知心姐姐。

在这种情况下，上下级关系自然如鱼得水。

由此可见，正确处理与上司的关系，与你的上司和睦相处，不仅可以拥有一个愉悦的工作环境，而且也有利于自己能力的提升与发展。那么，如何与上司搞好关系呢？具体来说，需要从以下几点做起：

一、了解你的上司

职场中，只知道埋头苦干是不够的，要想得到上司的赏识和认同，还要了解上司的为人、喜好、个性。要做到这一点，可以在工作中多多留意一下领导的言谈举止，品味一下他的为人，这样不但可以减少相处过程中不必要的摩擦，还可以促进相互之间的沟通，为自己的晋升扫清障碍。同时，对上司的背景、工作习惯、奋斗目标及他喜欢什么、讨厌什么等了如指掌，也会对你大有好处。一个精明能干的上司欣赏的是能深入地了解他，并知道他的愿望和情绪的下属。

二、提高自己的能力

一个明智的上司，绝对不会欣赏庸才。他分派的工作，如果你能按要求完成，会让他省心；如果你能力超出他的要求，为他更多地分担任务和工作，为他分忧，那上司可能把你视为不可多得的左膀右臂。所以，提高你的能力，也同样可以让上下级关系融洽。

三、工作态度相当重要

很多上司抱怨，某些下属是有能力，就是不好管理，态度恶劣，令人头疼。工作中不谦虚，不主动汇报，接受所分派工作时没有热情，甚至在工作中出现问题，不勇于承担责任，跟上司反复争辩，这些行为不仅会让上下级关系紧张，同时也不利于自己工作的开展。态度决定一切，员工的工作态度直接决定自己的职场前程。

在一家公司，有两个同事，同样都是续约，一个拼命要求加薪，且平时跟主管合作不甚愉快；另外一个表示服从公司安排，并且日常工作中态度积极，注意沟通方式、方法。虽然两个人的能力是差不多的，但上司更认可后者，因为这样的下属合作起来很愉快，而且给她的管理带来了支持，建议加薪20%。而另外一个，先续约半年吧，以观后效。

四、做好自己分内的事

员工的职责就是完成自己的工作。如果没有完成上司交给你的任务，不管有什么样的客观因素，都不要在上司面前解释。毕竟，没有做好本职工作，任何理由都不是理由。上司关心的是事情的结果。工作没做好，你的解释只会让他觉得你在推卸责任，只会让他更加反感。如果确实是上司的安排有问题，你可以在事后委婉地提出来，但千万不要在上司找你谈话的当场把它作为拖延工作的理由。

只要你的长处超过缺点，上司是会容忍你的。他们最讨厌的是不可靠，没有信誉的员工。如果你承诺的一项工作没兑现，他就会怀疑你是否能守信用。如果工作中你确实难以胜任，要尽快向他说明。虽然他会有暂时的不快，但比最后因你无法完成工作而怀疑你的能力，还有信誉要好得多。

做好自己分内的工作，解决工作中遇到的困难，不仅有助于提高你的工作技能、打开工作局面，同时也会提高你在上司心目中的地位。

五、对上司进行感情投资

与上司在一起共事久了，会产生感情。这种感情我们称之为友谊也好，交情也罢，但一定是彼此真诚相待的人，才能使单纯的同事关系升华为深厚的友情，即使工作关系终结，这种情感依然源远流长。

六、尊重你的上司

有的上司比较随和，下属就很容易把上司看作是与自己相同的一分子。特别是上司与自己年龄相仿，在工作交往中便更加无所顾忌。平时直呼其名，随便开玩笑，若有了什么不满也不分场合直抒胸臆。但是上司不是你的朋友，他在乎他的权威和地位，他需要别人的承认。如果你的上司还有上司，你如此“礼遇”他，他会很没面子。就算他是你的朋友，在公司也应该把你们的关系简化为单纯的上下级关系。

任何时候都要牢记，你与上司在单位中的地位是不同的，这一点一定要做到心中有数。不要使自己和上司的关系过度紧密，尤其不要卷入他的私人生活之中。因为不同寻常的关系，一方面会使上司过分地要求你，另一方面也会导致同事们对你的不信任，可能还有人暗中与你作对。

七、表现你的忠诚

人在职场，如果能力有限，如果处事不够圆滑，又如果有些诸如丢三落四的小毛病，这些都能得到谅解，但如果你不忠诚，那是绝对不能被原谅的，这既是职业操守，也是做人的准则。忠诚是上司对员工的第一要求。不要试图搞小动作，你的上司能有今天的位置说明他自有过人之处，你智商再高，手段再高明，在他的经验阅历面前也不过是小儿科。

八、在细节上不可太随便

人在职场，一定随时注意自己的言谈举止和工作中的细节问题，越是随意的场合越要小心。也许你以为是小事，但旁观者却不这样认为。很多上司都信奉“见微知著”的四字箴言，他们更认为生活中的细枝末节最能暴露一个人的内在东西，因为他们深信：潜意识的行为是最难伪装的。比如文案的摆放显示了你做事的条理性和缜密度，发言的音量说明了你的自信心如何，酒会上着装与举止是否得体暴露了你的个人品位和修养等。

九、没有必要委曲求全

涉世之初，我们被告诫：“忍一时风平浪静，退一步海阔天空”，遇事总是委曲求全，即使被领导冤枉骂得狗血喷头也固守沉默是金的道理。委曲真能求全吗？不能！一方面你的“大度”掩盖了公司内部真正存在的问题，另一方面会让上司认为你的能力甚至是人品有问题，你的无言使他对自己的判断更加深信不疑，以为你理亏所以才无话可说。既然于公于私都无益，你还不如找机会解释清楚，比如写封信。

十、不要做害群之马

没有一个上司喜欢害群之马。对于一个上司来说，是他所带领的团队给了他威严、权力和成就感。没有整个团队的成长，他的事业就失去了依托。而如果一个团队有一个害群之马，结果就会使整个团队失去秩序和凝聚力。所以，在职场中，要和你的上司搞好关系，也要和你的同事融洽相处，别搞个人主义，孤胆英雄只有在影视作品里才有人赏识，在现实生活中却让所有的人嫉恨。如果你不打算做个自由职业者，除了融入集体，别无选择。

学会与不同类型的上司相处

上司的类型有许多种：有的性格温和，为人谨慎；有的脾气暴躁，做事草率。每个人还都有与众不同的习惯。对待不同的上司有不同的相处之道，既然你在他（她）手下做事，当然就要掌握“应对战术”。

一、对待“工作狂”上司

这类上司往往认为自己是天下最能干的人，加上精力过剩，热衷于工作，而且希望下属也都和他（她）一样，因而变成“工作狂”。面对这样的老总，最佳对策就是甘拜下风，不断地向他请教，让他（她）永远感觉到你是在他（她）的英明领导下努力工作，这样不仅可以让你的上司有成就感，还可以适时地表达了你的钦佩之情。

另外，在这样的上司手下干活儿，你必须尽心尽责，以自己娴熟的业务技能博其赏识。不可动歪脑筋走捷径，那样往往会事与愿违。

二、对待“家长式”上司

这类上司通常认为要不断地管制下属，才能让他们服服帖帖地干好活儿。对于这样的上司，你必须常常让他（她）感觉到你的存在价值。尤其当你预见到他（她）将会对你恶语相向时，你必须事先就想好回敬措辞。当然，更重要的是不要被吓倒。

三、对待“管家婆”上司

这类上司整天怀疑自己的下属偷懒不干活儿，所以在办公室里经常玩“警察抓小偷”的游戏。遇到这样的上司，最好的办法则是每天（至少是每周）给他（她）一份报告，明确告诉他（她）你今天都做了哪些工作，以消除他（她）的疑心，从此，他（她）放心你也安心。

四、对待优柔寡断的上司

这类上司大都多谋少断，往往是已经定好的决策，只要别人提出一点儿修改意见，就能让他（她）一次次改变初衷，底下人就要不断地重新来做。其实，你只要在让他（她）在不感到有失身份的前提下，大胆地和他商讨一些决策，帮他（她）痛下决心，再设法让他（她）坚持下去就轻松多了。

五、对待刚愎自用的上司

有些上司虽然业务不精，但却喜欢冒充内行，处处显示自己，抓住每一个机会表现自己。这还不算，凡事还喜欢瞎指挥，什么事都喜欢插一脚。这类上司比较自负，在工作中总是一意孤行，不喜欢听从别人的建议。对于这样的上司，如果他犯的是致命性的错误，你一定要据理力争，坚决反对，不能迁就。否则就等于是拿老板和自己的职场前程开玩笑；倘是无关紧要的一般性问题，身为人家的下属，你就要尽量避免正面冲突和矛盾的激化。

六、对待性格内向的上司

有研究表明，内向型的人更习惯于文字的沟通。而碰巧你的上司是个内向型的人，相对于面谈或打电话来说，他（她）可能更喜欢读E—mail。所以，这个时候，如果你有什么问题要和上司沟通，你不妨考虑使用电子邮件的方式与他联系。另外，如果你想给看惯了普通黑白邮件的上司来点儿惊喜的话，你也可以花点儿时间学习制作新意盎然的彩色动画E—mail。当然，私人的事情还是留到私人时间里做，以免招致他（她）人的口舌。另外，虽然你的上司可能喜欢用电子邮件进行沟通，但如果你有重大的事情要与上司商谈，为了表达你的诚意与决心，也为了得到最准确的信息，你还是要选择面对面的沟通方式。当然，这个时候你就要在沟通的时间与地点上费点儿心思了，而我觉得一起吃午餐是个不错的方式，既不会受到其他（她）同事的干扰，又能和上司做最直接有效的沟通。

七、对待“小人型”上司

有一类上司，专爱在下属之间挑拨是非，在同事之间制造矛盾，这还不算，尤其热衷于在老板面前打下属的小报告。结果就是下属挨老板的骂，他在那看热闹。如果很不幸，你的上司就是这种类型，那你就要开动脑筋，据理力争了。俗话说：害人之心不可有，防人之心不可无，对这种差劲儿的“小人型”上司，不能碍于情面而一味忍耐，一定要找准时机当面揭穿，然后主动找老板说明情况，让老板了解到事情的真相。

当老板的都是会为自己企业负责的，当他（她）得知自己手下的主管是如此具有破坏性的小人时，从企业的生存和发展出发，一般都会考虑采取相应措施。

八、对待平庸的上司

如果你的上司平庸、缺乏创意，你大可不必对其施以“不屑”，而要以一颗宽容之心对待。平庸的上司通常遇到有难度的工作就会交给下属，其实，换个角度想，这未必不是好事，至少多了磨炼的机会，多了显露才华的契机。

九、对待霸道的上司

如果上司喜欢把别人烹制的“佳肴”全部装进自己的碗里，不肯分出“一杯羹”，错了却要下属承担责任，这说明他（她）自私自利、人格卑微。与这种上司相处，就需刚柔相济，既不可逆来顺受，也不可一味顶撞。

一方面，“人在屋檐下，不得不低头”，基本的一条就是要学会与其相处，如果你不想和自己过不去，最好就不要和这种上司过不去。另一方面，在老板面前适当地维护一下自己的利益也是无可非议的，要让上司知道做人是有原则的，忍让也是有限度的。

十、对待马虎草率的上司

有的上司布置工作时含糊笼统，没有明确的要求，这就会使下属工作的时候无所适从，工作难以操作和实施。如果你不问清楚，按自己的理解去做，做出来的结果很可能满足不了上司的要求。对这样的上司，在接受任务时一定要详细询问其具体要求，并做好记录，让其核准后再动手。

不管你是什么样的职员，都要知道怎样让你的上司喜欢你、器重你，提拔你。想要获得这样的效果，必须与上司处好关系，了解上司的性格类型，对症下药方能奏效。只要你根据上司不同的性格，区别对待，便能与他们建立和谐的工作关系。

和谐、融洽的同事关系

同事是与自己一起工作的人，是与我们每天相处时间最长的人，与同事相处得好坏，直接关系到自己工作的发展与事业的进步。若同事之间的关系处于和谐、融洽的氛围，人们就会感到工作得舒心、愉快，有利于工作的更好进行和事业的充分发展。反之，同事关系紧张，钩心斗角，经常发生矛盾，就会直接给我们正常的工作和生活造成影响，成为我们事业发展的绊脚石。和我们一样，他们也是在办公室中努力打拼和追求理想的人。

长期以来，如何与同事相处一直都是办公室必不可少的课题，那些善于处理同事关系的人，总能赢得同事的支持，在办公室中更好地被信任，从而得到更好的发展；而那些自命不凡，不屑或者根本不会与同事共同进取、交流来往的人，则免不了感觉工作毫无乐趣可言，在工作中办起事来也难免举步维艰。早已习惯长时间地处在同事圈儿中的人领悟到：若想在事业上获得成功，在工作中得心应手，必须先建立好和谐、融洽的同事关系。

一、学会换位思考

要想使同事关系相处融洽，首先要学会换位思考，学会从他人的角度来考虑问题，善于做出适当的自我牺牲。切忌以自我为中心，最后使自己被孤立。

在完成一项工作时，难免要与人合作。在取得成绩之后，我们也要记得将成功后的喜悦与大家一同分享，切勿好大喜功，处处表现自己，将大家的成果据为己有。送人玫瑰，手有余香，我们提供给他人更多的机会、帮助其实现生活目标和追求的同时，也会使我们自己得到更多的发展，这些对于处理好人际关系是至关重要的。

当他人遭到困难、挫折时，伸出援助之手，给予帮助，这也是替他人着想的表现。良好的人际关系往往是双向互利的。你把种种关心和帮助给予别人，当你自己遇到挫折困难的时候也会得到许多的回报。

二、聊天问话适可而止

同事们待在一起时间久了，在办公之余一起闲聊是一件很正常的事情。往往有那样一些人，喜欢夸夸其谈，也许是为了在同事面前炫耀自己的知识面广，总想让别人觉得自己什么都懂什么都会，这些在男同事之间表现得尤为突出。

俗话说："一瓶子不响，半瓶子咣当"，其实他们也不过是一知半解，大家只是心照不宣罢了。如果你为了满足自己的好奇心，打破砂锅地追问的话，他给出的答案就会使你失望了。这样，不但会让闲聊的氛围尴尬，也会让这样的同事难堪。那样的话，以后再闲聊的时候，同事们都会对你有意无意地避开。因此，与同事在任何场合下闲聊时，不要有过多的好奇，问话适可而止，这样同事们才会乐意接纳你。

三、远离流言蜚语

在办公室里工作，很多人常常会听到这样那样的流言蜚语，比如"×× 为什么总是和我作对？这家伙真让人烦""XX 总是和我抬杠，不知道我哪里得罪他了！"……这些流言蜚语在职场中像一把"软刀子"，会造成对同事心理的伤害，可以说是一种破坏性很强的武器，也会让受伤害的人感到厌倦和愤怒。虽然说"谁人背后无人论，谁人背后不论人"，但要是你非常热衷于对这些挑拨离间的言论传播，当然至少你不要指望其他同事能热衷于倾听，那么这样经常性地搬弄是非，会让单位里的其他同事对你产生一种避而远之的心理。若真是到了这种地步，相信你真的无法在这个单位里工作生活了，因为到那个时候很多同事都在疏远你，无视你的存在了。

四、低调处理内部纠纷

在办公室，我们与同事相处，产生一些小矛盾也是常理之中的事情，不需要太介意。但如何处理好这些矛盾，就需要一定的技巧了。首先你应该注意方法，尽量不要让你们之间的矛盾公开激化，不要表现出盛气凌人的样子，非要和同事争出胜负。退一步讲，就算你有理，要是你得理不饶人的话，同事也会对你敬而远之，觉得你是个不给他留面子的刻板之人，以后就算与你依然要好，但还是会在心里疏远你，这样你可能会失去同事的支持与帮助。此外，被你攻击的同事，对你的看法也将大不如前，你职业道路上也会因此少了一些辅助的力量。

五、牢骚怨言要远离嘴边

有一些人无论在什么样的环境中工作，总是满腹牢骚，逢人便大倒苦水，尽管偶尔一些推心置腹的诉苦可以构筑出一点儿办公室里真诚的友情，不过，如祥林嫂般地唠叨不停就不太好了，那样会让周围的同事苦不堪言，甚至会对你产生厌烦。也许你自己把发牢骚、倒苦水看作是与同事们交流真心的一种方式，但是过度的牢骚与怨言，会让同事们感觉你对目前的工作是如此不满，久而久之，会使同事们在工作中不愿与你沟通。

六、善于赞扬别人

每个人要善于接受别人对自己的评价，学会胸襟豁达，也要对于同事在工作或其他方面表现出的优秀方面给予更多的赞美和肯定。

还要学会坦诚相待，以真心换真心，让同事看到你的真情，换取朋友、同事对你的信任和好感。当然在赞扬别人时还要注意掌握分寸，不要一味夸奖，让同事对你产生一种虚伪的感觉，这样也会失去别人对你的信任。

注意那些隐秘的信息

在与同事交往中，有些话同事间不好直接地说出来。其中很大部分是对彼此的一些看法，以及那些难以用语言表达的评价。这些信息，很多都是你自己无法觉察到的，但在你的人际关系和职场生存中却有着预警的作用。学会发现这些信息，从中看出你的处境并不断地对自己进行审查，绝对会让自己在与同事的交往中更加收放自如。

你身边有如下的情况发生吗？

1. 周末郊游同事们约好一起去，却没有告诉你

这表明他们在疏远你，不喜欢有你融入他们的交往，与上司太亲密也许是一方面，以致和同事脱离了，或许大家怕你出卖他们。抑或你的工作十分出色，常被上司表扬，引起同事的嫉妒。这就提醒你，要尽快融入同事的关系中。

2. 办公室的同事常在一起窃窃私语，你一走近时他们就不说了

这表明他们也许在议论你的隐私或与你相关的一些信息：你与上司的关系是否很暧昧？私生活中是否有什么不检点之处？把与自己相关的生活和工作检查一下，他们议论的焦点也许就能发现。事后你也可单独请其中一位和你关系较亲密的人喝茶，以了解症结所在。

3. 在发觉自己没什么错误时，你的同事都在背后诋毁你，上司还常常表扬你

这表明你在办公室是个很能干并处处表现的人，这样的英雄主义者，缺少与同事的配合和沟通。办公室作为一个集体，总是单枪匹马地做好事情的话，那么让自己陷于孤立无援的地步是你会看到的结果。

4. 同事常向你倾诉个人隐私和对上司的不满

这表明你在办公室是个比较有威信和可以并值得交流的员工，但这就会容易被其他人和上司看作小帮派，如果再加上平时工作业绩平平，就有把这份儿工作丢掉的危险。

如何赢得同事的心？

1. 合作和分享

把自己的看法更多地跟别人分享，再加上多听取和接受别人的意见，这样一来，你会获得众人的接纳和支持，让自己的工作顺利开展。

2. 微笑

无论他是谁，茶水阿姨、暑期实习生或总经理也好，把自己灿烂友善的笑容时刻地保持，必能赢取公司上下的好感。

3. 善解人意

也许只是在同事感冒时你体贴地递上药丸，偶尔经过糕饼店顺道给同事买下午茶，这些关心无足轻重，何乐而不为？你对人好人对你好，才不会在工作中陷入孤立无援之境。

4. 不搞小圈子

跟每个同事保持友好的关系，尽量不要被别人认为你是属于哪个圈子的人，那样会无意中缩窄你的人际网络，给自己的发展带来阻碍。与不同的人尽可能多地打交道获取别人的信任和好感。不搬弄是非，同时避免牵卷入办公室的政治或斗争。

5. 讲原则而不固执

示人以真诚，不要用虚伪的面具等着被人识破。讲究原则的同时处事灵活，在适当的时候采纳接受他人的意见。切勿毫无主见地万事逢迎，这样只会给人留下懦弱、办事能力不足的坏印象。

6. 勿阿谀奉承

触犯众怒的永远是那些只懂逢迎上司的势利眼。完全不把同事放在眼里，对同事下属苛责，这样到处给自己树敌的做法无异于挖个坑把自己埋了。

7. 勿太严厉

态度严厉的目的也许同样只为把工作做好，然而在别人眼里，或许是刻薄的表现。如果你平日连招呼也不跟同事打一个，只是在开会或交代工作时才接触，这样的你又怎会得人心，使同事去配合呢？

拒绝同事的艺术

身处职场，难免会遇到这样的问题：一位同事会突然开口，把一份难度很高的工作让你帮他做了。如果勉强答应下来吧，要完成这份工作可能需要连续加几个晚上的班才可以，而且这也不符合公司的规定；若拒绝吧，彼此面子上确实也磨不开，毕竟是在一起工作相处多年的同事。可是怎么找一个合适的理由，既可以把这项工作推出去，又不会影响同事关系呢？

也许有人会直接对同事说："不要，就是不要，没什么理由！"这样做不是不可以，但绝不是最佳的选择，这样拒绝以后可能会让同事关系变得很紧张。你也可以推托说："我能力不够，其实小A更适合。"当你说出这样的话时，你有没有想过当同事把你的这番话说给小A听时，他会做何反应？不是又使别人记恨我们吗？

当然也可以直接地告诉她："我真的忙不过来。"其实这个理由真的不错，但是或许只可以用一次，如果第二次再用时，同事难免就会对你投来疑惑的眼光。这样看来，这些似乎都不是最佳拒绝理由，那我们到底又该如何婉转地拒绝同事的不合理请求呢？

一、先认真倾听，然后再说"不"

当同事向你提出这样的要求时，其实在他们心中通常也会有一些担忧和顾虑，担心你会马上拒绝他的要求，担心你会不会给他脸色看或者不耐烦。因此，在你要做出决定要拒绝之前，你首先去注意倾听一下他的诉说。这里比较好的一种办法是：请对方试着把他面临的处境与需要讲得更清楚一些，这样才方便自己知道应该如何去帮他。接着向他表示你能够了解他的难处，设身处地地替他想想，若是你面临这样的境况，也一定会如此的。

再者，“倾听”可以让对方首先有种被尊重的感觉，这样在你将要婉转地表明自己对他拒绝的立场时候，也可以尽量地避免伤害他的感觉，或者避免让别人觉得你只不过在应付而已。另一方面，如果你的拒绝是因为自身的工作过多、负荷过重，这个时候倾听对方的请求，也可以让你清楚地界定对方的要求是不是你分内工作的一方面，而且看看是否包含在自己目前所要完成的重点工作范围内。或许在你仔细听了他的意见之后，可能会发现在协助或帮助他的过程中也有助于提升自己的工作能力与积累工作经验，你这时候不妨在兼顾目前工作的同时，牺牲一点儿自己休闲的时间来协助对方完成他所面临的问题，这样对我们自己以后的职业生涯发展绝对是有很好帮助的。

还有，“倾听”的另一个好处是，在你拒绝他的同时却可以针对他的实际情况和难题，提出一些可行性的建议，使他现在面临的问题取得适当的解决和发展方法。当然，你提出的这些建议或替代方案如果是有效的，他的请求虽然是被你拒绝了，可对方还是一样会感激你。当然了，如果是在你的指引下找到更适当的方式方法，对他的难题的解决起到事半功倍的作用。这些其实都是你对他直接的支持和帮助。

二、温和而坚定地说“不”

当你在仔细倾听了同事的要求之后、在自己认为应该拒绝的时候，说“不”的态度必须是要温和而坚定。如果没有这种温和果决的拒绝态度，不如委婉些让对方知道你的拒绝，这就好比同样是药丸，那些外面裹上糖衣的药，就让人更容易入口服用下去。同样，委婉地表达拒绝，也比直接说“不”让人容易接受。

我们要学会婉拒，但千万不要严拒，因为温和的态度相应总是比那些情绪化的过度反应要好得多。我们都知道情绪是具有感染性的，别人感受到你的严拒表情和语气时对方本身也会有不悦，而“不”这个词通常的情况会引发他人强烈的负面感受。所以，最好不要严拒。当你必须要拒绝他人的请求时，还是不要再用不友善的言行去伤害对方，使彼此在情绪上火上加油，这样对同事间的关系极其不利。

例如，当对方提出的要求是在公司或部门规定里不允许时，这时你就要委婉地向对方说明，让对方清楚自己的工作权限，并同时让他知道如果自己帮了这个忙，就有可能超出了自己的工作范围，从而违反了公司的有关规定。暗示他，你自己需要完成的工作也很多，时间已经排满，对他的要求也只能是爱莫能助了，还要让他清楚自己应该完成的工作的先后顺序，并提醒他如果帮他这个忙，不仅会耽误自己正在进行的工作，而且也会对公司造成不必要的损害。这样都会对自己今后在公司的顺利发展产生较大的影响。

一般情况下，同事听你这么说以后，一定会知难而退，再想其他的解决办法，而不会对你抱有芥蒂或产生其他想法。

三、以对方利益为理由

在拒绝对方之时，不妨试着从对方的利益来考虑，以对方的切身利益为切入点试着去向他说明你拒绝的理由，往往这样更容易说服对方。

可以对同事说你之所以拒绝他的要求，表明自己并非不肯帮忙，其实更多的是为了他自身的利益着想。比方说，人家要求你在一个不合理的期限内完成一项工作，这样的情况下与其哀号地苦苦说你如何不可能去办到，不如使自己先平静下来，再试着说服对方，告诉他这样仓促行事对他而言并不是很好。例如你这样说：“你交代的工作我是不应该这样急急完成、随便地交差了事，但时间这般仓促，可能无法达到符合你期望的水平。”

这样的话缓缓地说出，使同事不仅不会怀疑你的意图，而且还说不定会对你切实从他自身利益着想的态度产生对你的感激。

四、关怀并提出建议

在拒绝并提出一些替代建议后，记住，最好隔一段时间去主动关心对方现在的情况。

有时候拒绝是一个很长时间的过程，对方以后或许还会不定时提出同样或相似的要求。我们若能化当初的被动为现在的主动去关怀对方，并让对方能更多地了解自己的苦衷与立场，这样做是为了可以减少拒绝以后的尴尬与影响。让他知道如果双方的情况都改善了，自己就会对他的难处给予支持和帮助，让他的要求得到满足。这个方法对于业务人员很适用，例如：保险业者经常在面对顾客要求时，有很多自己却无法及时给予配合的，掌握像这种主动地对顾客关心询问的技巧尤其重要。

在拒绝别人要求的过程中，除了以上的这些技巧，更需要的还是发自内心的热情与关怀。若自己只是一味地敷衍了事，这些对方其实都能看得到、感觉得到的。如果让同事认为你只是在敷衍他，对你们之间的关系伤害更大。反之，在拒绝同事的一些不合理要求时，只要你是出于真心，即使是说“不”，对方也一定也会体谅到你的苦衷的。

Part 05
第五章

玩不起的办公室恋情

男女同事在一个办公室里求生存，除了单纯的工作关系，往往会产生一些说不清道不明的感情。于是暧昧、地下情泛滥成灾……打开网络，可以看到办公室恋情永远是个说不完的话题。

办公室里的爱恨情仇

有人的地方就有江湖，有江湖的地方就有爱情。所谓美女爱英雄，英雄却也难过美人关。小小的同福客栈，居然成就了两对儿恋人。在电视剧《武林外传》中，身为老板的佟湘玉，与手下员工白展堂，由暧昧到牵手，然后分手，再复合，可谓是分分合合、曲曲折折，尝尽了爱情的滋味。而作为同事关系的吕秀才、郭芙蓉以及半路插进来的祝无双三个人，还上演了一出活色生香的三角恋情，真是热闹非凡。

其实，反观现代职场，办公室恋情又何尝不热闹、不精彩，明的暗的、遮遮掩掩、欲罢还休，使原本就已经非常热闹的职场，又添了一重春色。然而，热闹背后，更多的却是反思与警醒。虽说人生如戏，但现实生活，毕竟不同于荧屏上的故事那般美满如意。

事实上，办公室恋情非但没有电视剧里的那么美好，甚至还是麻烦的根源。比如《武林外传》里的祝无双，不但恋爱失败，还因此丢了工作。只落得个流落江湖、形单影只的下场。

虽然很多人也都知道办公室恋情的种种负面影响，会给自己带来各种各样的麻烦。例如，朝夕相处容易让人乏味，也比如分手之后经常见面会很尴尬。然而即便是这样，不少白领还是会选择办公室恋情。那么，办公室恋情究竟有何魔力，惹得无数白领尽折腰呢？

诱因之一：繁忙的工作让我们无暇去寻找自己的另一半，每天处于单纯而固定的人际关系当中，也很少有机会认识更多的异性朋友，于是婚姻大事只好就近解决。

诱因之二，办公室的同事互相都知根知底，不像酒吧、夜店里的人那样给人不安全感与不自在感。于是，办公室恋情相对来说更易形成人与人之间的信任。

很多人不愿去招惹办公室恋情，并非是不解风情，主要是因为更在乎自己的颜面，不愿意让自己成为被众同事八卦的对象。比如，《武林外传》里的燕小六，和女下属祝无双天天在一起巡逻，却愣是擦不起半点儿火花。除了因为燕小六不解风情，恐怕也跟面子问题大有关联。

其实，不搞办公室恋情，不代表没有冀望憧憬过，也不代表心里没有过小九九。然而，长时间生活在别人的唾沫星子当中也并不好过，甚至可能背上许多稀奇古怪、莫须有的称呼，更导致了这样一个结论：这个人很开放，这个人没正经！于是，很多人虽然对异性同事很有好感，但还是选择了舍近求远，选择“只爱陌生人”。归根结底，还是因为，大家都宁愿自己是个旁观者，是那个编故事的人而非故事里的人。

客栈里的爱恨情仇，终归是故事，回归到现实之后，往往发现，办公室恋情并非想象得那么美好。因此，无论是经历过还是没经历过的人，都对办公室恋情讳莫如深。而那些有过失败经历的人，尤其对此慎而重之，避而远之。

然而，感情的事是非理性的，一旦遇上了很难控制得住。

一旦情根深种，我们又该何去何从呢？

暧昧，你玩得起吗

为什么现在的职场会有越来越多的办公室恋情呢？对于每天同处一室而感情又处于空白的男女同事而言，无疑是上天安排的最自然的相互了解与判断的机会，更重要的是越来越大的生活和工作的压力，让人们心中的不安定感越来越强烈，每个人都想找个人倾诉，找个肩膀靠一靠，很自然，就产生了办公室情侣。

四十三岁的姚东是某公司的常务副总，由于表现出色，已被看好是未来总经理的接班人选。

但最近有人在老板面前揭发他在办公室大搞男女关系的事情，老板找他谈话，委婉地暗示他与业务助理刘菲菲之间的绯闻，已严重地损害了公司的形象，并为公司内部的管理带来了诸多的麻烦。老板说，若不趁早有个了断，就别怪他不讲情面了。

姚东猜测这一定是另一位副总在暗中搞鬼，但是扪心自问，这也是自己给自己找麻烦，授人以把柄。

半年前，由于工作的需要，姚东在本公司 20 多名业务员中选中了 26 岁的刘菲菲做他的业务助理。

刘菲菲毕业于某大学企业管理专业，已经有了两年的工作经验。漂亮大方，且善解人意，心思细密，交办的事项总是能够处理得周到圆满，因此很快就成了姚东的得力助手。

因业务需要，姚东常带着刘菲菲到各地分公司开会或拜访客户，两人也相对有了许多单独的相处时间。除了讨论公事之外，话题也开始扩大到彼此的生活种种。有一回，姚东问刘菲菲有没有男朋友，菲菲轻描淡写地说：“好男人都已成了别人的丈夫，不知道自己的真命天子何时才会出现。”而且还特别地强调说他比较喜欢成熟的男人。

接着，她话锋一转，反问姚东对外遇有什么看法。就在姚东不知如何回答时，她含情脉脉地望着姚东说，女人其实很注重感觉，能和自己心仪的男人在一起，就算是没有名分，也是一件幸福的事情。

刘菲菲的大胆表露让姚东不知所措。刘菲菲年轻貌美，浑身上下充满了朝气，对姚东有着致命的吸引力，另外，她性格温柔，善解人意，办事周到细致，这些都令姚东很动心。

但基于职场伦理，以及自己已婚的现状，姚东还是一直克制着心中的情愫。

然而，刘菲菲却加紧了她的爱情攻势。她不时主动地帮助姚东收拾办公室，每隔几天就在姚东的办公桌上摆上鲜花，笔筒内时时换上新削好的铅笔。有时，姚东忙工作没空儿出外吃午餐时，无须交代，她就会主动出去买回热乎乎的饭菜，送到办公室来。而有时候晚上姚东需要加班时，全办公室的人都走光了，就剩刘菲菲一人仍然坐在计算机前忙碌，还不时走进姚东办公室，关心地询问有什么需要她帮忙的。

如此朝夕相处，日久生情实属必然。二人的感情迅速升温，经常成双入对共进晚餐，看电影喝咖啡。在一次晚上姚东送刘菲菲回家时，菲菲热情地邀请姚东上楼喝茶，接下来也就顺理成章地上了床，自此二人就成了亲密爱人。

随着感情的增长，几个月后，刘菲菲被升为业务部主管。姚东认为凭菲菲的能力，是完全可以胜任这个职位的，却想不到当上主管没两个星期就遭到了下属的“弹劾”。几位女性业务员纷纷找姚东反映，刘菲菲官架十足，霸道专横，业务上的事情全是她一个人说了算，还警告她们凡经常提反对意见的几位业务员，如果谁不配合，就请趁早走人。

姚东心想：这可能是刘菲菲刚担任主管，不谙管理之道，也可能是菲菲恃宠生骄，认为有自己撑腰就变得无所顾忌，这样下去是不行的。所以趁二人相聚时刻，姚东劝她还是不要锋芒太露了，应当加强与部属的沟通，多多安抚下属，也免得让他为难。而刘菲菲却听不进去。还埋怨姚东胳膊肘往外拐，帮着外人欺负她，说着说着还哭了起来。这让姚东无可奈何。

为了防止自己与刘菲菲的恋情曝光，姚东表面上不能过于偏袒刘菲菲，只好费了许多功夫安抚那几位业务员，风波才稍微平息。

平常在办公室里，出于避嫌的考虑，姚东还是会以上司的姿态对待刘菲菲。他觉得刘菲菲是个善解人意的人，应当能明白其中的道理。可是刘菲菲对此却非常不适应，她忍受不了姚东对她白天晚上两个样的行为。因此，常常闹情绪，有时候当场叫姚东下不了台。

在刘菲菲心目中，姚东已经是她的男人了。于是在很多场合里，常有意无意地显示出二人的特殊关系。比如同事大家一起聚会时，她一定坐到姚东身边，帮他夹菜、倒酒。而平日中午休息时，刘菲菲也一定会等着和姚东一块儿外出用餐；下了班也待在办公室里，等着姚东开车送她回家。

对于刘菲菲的种种做法，姚东渐渐地感到吃不消了，曾多次劝说刘菲菲在同事面前要与他保持一点儿距离，以免引发不必要的麻烦。刘菲菲则不以为然，她认为这是姚东变心的前兆。得到她了就不珍惜了。还埋怨姚东从来不肯在她那里过夜，而且好久也没带她出去度假，享受二人独处的时光了。

于是，每次沟通到最后，姚东总觉得还是自己理亏，总是以刘菲菲胜利而告终。后来，两人一闹别扭，第二天上班刘菲菲就借故迟到，或者干脆不来上班。打电话给她，也不接，非得姚东上门赔罪，好言相劝才肯罢休。

就在姚东感到心力交瘁之际，同事间也开始传出姚副总与刘主管之间有一腿的说法。有人还绘声绘色地说，曾看到二人手牵手到某知名百货公司购物，下了班两人还在副总的办公室里亲密等。

公司内另一位副总听到这些传闻后，立刻向老板打小报告，还添油加醋地说了许多姚东的坏话。老板虽查无实据，但内心对姚东的评价却大打折扣，除要求他检点自己的行为外，并考虑提拔他的事情。

姚东目前不但升迁无望，且保住饭碗都成了问题，若想在公司继续干下去，他和刘菲菲之间势必有一个人要走。可是，他怎么能说出让刘菲菲走的话呢！况且，全公司上下的人如今对他都投来异样的眼光，他怎么还能待得下去呢！最后无可奈何之下，姚东只好选择了辞职。

职场暧昧似乎是一个永恒的话题。办公室就是一个两性社会的缩影，对于办公室中的男性来说，无论是男上司还是男下属，他们对待办公室恋情都是采取“不主动，不拒绝”的态度。为了不给自己招致不必要的麻烦，他们基本上是保持不主动的态度，即使对女人的追求很动心也会斟酌再三。

但是男人骨子里是希望得到更多女人仰视的，男人很难拒绝诱惑，因为花心是男人的天性。女人主动追求证明了自己的男性魅力，男人的占有欲和满足感令他们不想拒绝，不忍拒绝，也不愿意拒绝。

但是办公室毕竟是工作的场所，对于发生的恋情，如果处理不当，就很容易给自己带来不必要的困扰。

对于大多数公司管理者来说，办公室恋情是让人感到头疼的事。因为公司管理者一方面认为这种办公室恋情势必会影响到工作，导致工作中出现失误或错误；一方面又担心恋爱的双方会结成联盟帮派，在工作中相互为对方掩盖、庇护，对公司整体利益是没有一点儿好处的。所以一旦恋情公开，他们都会采取制止、打击甚至拆散的办法，最后让其中一个卷铺盖走人就达到了他们的目的。

在办公室谈恋爱，是不太明智的行为，它与上班炒股、玩电脑游戏本质上没有什么区别。两个相爱的人可能形成小圈子而排斥别的同事，从而影响了整个团队的人际交往。如果两个相爱的人在办公室表现出过度亲密，就会影响其他同事的工作，进而影响整体的工作气氛。

此外，恋爱中的人都不太理智，如果两人产生矛盾，势必会把这种情绪带到工作中。万一分手了，两人很难冷静面对彼此，很容易干扰到彼此的工作。所以，办公室恋情确实比普通的恋情处理起来更麻烦。

穿梭在办公室里的男人们，处在庸常的生活状态中却想去品味一番别样的激情，他们既向往浪漫又不得不受到各种规则的约束，这就是办公室恋情中男人不主动却又不拒绝的原因。他们在矛盾的两难里面艰难地抉择着，一次次地上演着属于办公室里的独有的暧昧。

由于受中国几千年文化和观念的影响，这种办公室恋情是不被人看好的，如果处理得不好的话，甚至是很危险的，案例中的主人公姚东就是这样一个典型。因此，对待办公室恋情，一定要再三权衡，妥善地处理好。

空荡荡的办公室

近日，某网站就“办公室恋情”问题做了一个调查。关于“你是否有过办公室恋情”的问题，有 3901 人参与了回答。参与此次回答的男性比例为 48.5%，女性比例为 51.15%。这表明，对办公室恋情的关注，男女比例相差不大，女性对这个话题还略微比男性感兴趣一些。

在关于“你周围的办公室恋情最终是否修成正果”的问题中，51.4%的被调查者都选择了“是，从恋爱到结婚”。该项调查共有近 3500 位职场人士参与，其中男性占了 46%，女性占了 54%。调查显示，准备经历、正在经历与已经经历办公室恋情的人数总计达到了 61%。那么，为什么有些人可以修成正果而有些人的恋情只能成为工作的牺牲品呢？其中很重要的一条就是能否做到公私分明。

对于办公室恋情，大部分人认为，两个人在恋爱中工作可以增加工作的动力所以是好事，但是也有人极力反对，觉得办公室恋情打破了同事间的平衡，尤其是与领导恋情的不公平，所以明确反对办公室恋情。那么，一旦自己的恋人是自己的上司或者下属，就带来了更大的挑战。

最近某公司的管理陷入一片混乱，会计也辞职不干了。原因是因为假发票的事情，为什么会计会因为假发票一事辞职呢？

原来，公司的账务一直存在着很大的问题，很多花费都对不上，注册三年为了逃避年终营业税，都报了盈亏，今年是第四个年头了，又报了盈亏，这引起了有关部门的怀疑，开始要求查公司的账务账目，情急之下，公司的“二把手”竟然让会计去买点儿假发票来填补空缺的账目，会计觉得宁可不要这份儿工作也不能给自己的职业生涯留下污点，违法的事情，一旦公司被查，自己也要受牵连，所以以辞职作为抗议，结果离开了公司。

那么，这位“二把手”又是何许人呢？在外人看来这个叫丽丽的女人和其他员工没有什么区别，除了嘴巴能说了点儿、打扮花哨了点之外，事实上这个丽丽正是公司的二把手，也就是除了老总之外，第二个能够指使其他员工的人。丽丽的具体职位是老总的助理，其实说白了就是老总的情人。两人关系十分暧昧，在公司当着员工的面也毫不避讳，让员工们十分反感。最近老总出差了，丽丽就开始代替老总行使“二把手”的权力了。跟她顶了几句嘴的员工就被她直接开除了，如今会计也因为丽丽让她去买假发票而离职了。

可能是有所倚仗吧，丽丽在公司很强势，一有什么不顺心的事就拿员工出气。搞的大家心里都愤愤不平，想到被这样一个没有什么能力只靠出卖色相取悦老板的人指挥来指挥去，大家心里就有说不出的气。平时哪个员工迟到了或者请假了，丽丽都要到老总面前去添油加醋地告状。

老总对丽丽的话是言听计从，不分青红皂白地对员工进行处罚，尤其是丽丽和其他员工发生争执时，他也明显地偏袒丽丽，搞得大家心里十分不爽。大家觉得跟这样一个糊涂的老总共事，是没有什么前途的。如今公司的账目出现了问题，一旦倒闭，可就白干了，于是大家商量后一起给老板写了一封辞职信，公司全体员工辞职了。

老总回来一看，公司早已被查封，员工也不知去向，连自己的情人丽丽也不见了踪影，老总彻底傻眼了。

之所以每天都有那么多的办公室恋情产生，其实是有原因的，想想办公室恋情还是有比较温馨的一面，比如加班有人陪，便不会感到孤独，工作效率也会因此提高。但是一旦面临办公室恋人是自己的上司或者下属就要格外小心了。就像这位老总和自己的情人丽丽一样，先不管是婚外恋或者正常的恋爱，要想能够长久或者修成正果，首先就要做到公平公正，公私分明，在不影响工作的前提下进行。久而久之，众人也就见怪不怪了，这种办公室恋情自然就可以光明正大地进行了，也就不必有那么多的顾虑了。

男女同事，不过如此

大家知道，现在的职场产生了越来越多的办公室恋情。

有关调查显示，里面有几对儿的公司占了42.0%；不是很多的占22.6%；不太确定，也许有的比例是18.4%；而认为很普遍的也有16.95%。

由于办公室里的人们年龄相仿，有互相交流的话题，无论是工作还是生活都存在着很多共同的语言，每天活动在办公室的时间比在家的时间还多，互相之间的了解比社交活动或业余时间认识的朋友要深得多，情投意合，甚至日久生情，亦在情理之中。

李伟是某公司的营销主管，张静和他是同事，在公司公关部工作。由于工作的关系，两人经常接触，以至于日久生情。

后来，李伟每次出去谈判，都会带上张静，两个人双宿双栖，形影不离，成了公司里众人皆知的秘密。

经理为此找到李伟，劝他不要把爱情和工作混在一起，弄得公司里流言蜚语满天飞，但李伟却很不以为然，他说和谁恋爱是自己的自由，公司无权干涉，再说又没有影响到工作，而且张静的公关能力很强，带上她去谈判，每次都能大获全胜，希望经理能够成全他们。

因为李伟有着良好的工作业绩，而且手中有着庞大的客户资源，经理也没再说什么。但两个月后，营销部来了一名副主管，这名副主管很有魄力，而且有着丰富的工作经验，不到三个月，就把李伟手中的客户资源都争取了过来，后来，这位副主管毫无疑问地取代了李伟的位置。

又过了一个月，李伟和张静一起去参加一个谈判，在谈判中两人发生了很大的分歧，甚至当着客户的面就争执起来。吵得面红耳赤，最终导致谈判以失败而告终，十几万元的利益从眼皮底下溜走，经理非常生气，以此为借口，双双辞退了二人。

二人离开公司后，就分道扬镳了。

因为办公室本来就是个工作的地方，一旦发生办公室恋情，就会有噱头产生。再加上同事们的闲言碎语，难免会让自己感到压力重重。

虽然大家都知道办公室恋情的危害，也会尽量远离它，但是感情的事有时候是不完全受人控制的。一旦感情来了，犹如洪水猛兽一般，是挡也挡不住的。那么，每个职场人士该如何面对办公室恋情呢？

一、了解公司的看法

公司对办公室恋情的看法十分重要，到目前为止，绝大部分的公司对待员工之间的恋情都是持否定态度的。因为其中牵扯到管理等各方面的因素太多。所以，一旦决定开展办公室恋情，当事者应该十分谨慎，并且一定要设法了解公司对办公室恋情的看法。

二、不要让情绪波动

通常情况下，沉溺于爱情的人往往反应比较迟钝，容易自我陶醉做白日梦，这样就在无形中浪费了工作时间。所以，当事人一定要控制住自己的情绪，不要让情绪随意波动。这样，才可以将对自己、对同事的影响降到最低。只有在办公室恋情不损害你的工作表现以及同事的工作的情况下，这时候你们的恋情才能得到同事的接纳和祝福。

三、在工作时控制感情

办公室不是咖啡厅，不要将办公室当成恋爱宝地。在工作时，要控制自己的感情，将火热的爱恋之情留到下班以后的时间再表现，千万不要在办公室里无所顾忌地眉目传情或者是伺机亲热，否则会很容易引起同事的反感，成为他们茶余饭后的谈资。

四、处理好曝光后的恋情

恋情暴露以后怎么处理是办公室恋情的关键点。让一个失恋的人从爱情中痊愈，已经是很不容易的事了，假如还要和旧情人在一个办公室里继续工作，无异于往伤口上撒盐。大多数人不愿意与同事恋爱就是因为这个原因，大家都害怕承担分手后的后果。所以，一旦办公室恋情大白于天下，一定要谨慎、周全地处理好。

人际关系不可不慎

一般说来，所有的恋情都应该有其基本的游戏规范，也为大多数人所接受。现如今经济高度发达，人们的生活节奏日趋加快，很多上班族都没有时间关注自己的感情问题，所以，办公室恋情的发生频率也越来越高。其实这些都是可以理解的，两个年轻人长期处在一个办公室，而且事业目标一致，长期合作状态下能够比较客观地了解彼此的个性，而且看到出色的一面往往大于平庸的一面，产生情愫、萌生爱意也是很正常的。

但是，办公室恋情有其特殊性，在普通恋爱关系中的游戏规则中，又掺杂了老板、上司、同事、薪水、职位等多种因素，使这种恋情变得扑朔迷离，有人曾经说，办公室恋情就像走钢丝，保持平衡最重要。

王旭是某企业的部门经理，单身，年轻有为，成熟帅气，很招异性的爱慕。他的秘书陈盈是一个年轻漂亮的姑娘，大学刚毕业不久。

王旭很懂得体恤下属，当下属在工作中遇到什么问题的时候，他都会及时给予指导和帮助。

一次，秘书陈盈生病坚持上班，王旭出于关心，为她代买了午餐和药品，这令陈盈十分感动。可这件事情之后，王旭感觉到陈盈对自己的态度渐渐发生了改变，不仅将自己当成工作上的领导，甚至还关心起自己的生活来。尤其是当两人独处时，王旭总能感觉到陈盈火辣辣的目光。

在一次聚会上，王旭暗示陈盈，自己对她并没有工作之外的想法，办公室恋情对各自的发展并没有好处。但陈盈并不在乎王旭的拒绝，依然执着地追求上司。

王旭并不想与陈盈之间发生什么恋情，但又不知道该如何面对。何况，一个漂亮女孩儿追求自己，总不是一件坏事。因此，他也没有明确地拒绝陈盈。而陈盈则展开了更猛烈的爱情攻势，并在公开的场合表示自己喜欢王旭。

此事闹得沸沸扬扬，很快便传到了总经理耳朵里，有人向总经理告状，称王旭利用职权与漂亮女下属之间发生某种交易。

没过多久，公司将王旭调离了原来的部门，去担任了一个可有可无的闲差。

很多公司都禁止员工谈恋爱，因为老板无法相信两个在办公室眉来眼去的人，会把精力全部放在工作上。很多办公室恋情的结局都告诉我们：一个人一旦卷入办公室恋情，职业生涯就会不可避免地受到影响，也许有人认为只要保密工作做得好，就不会有事，但是世界上没有不透风的墙，如果办公室恋情不幸夭折，当事者不仅要承担感情的伤痛，还要承担舆论的压力。

所以说办公室恋情是把“双刃剑”，如何妥当处理，全看分寸如何掌握。即使与异性下属没有什么实质的纠葛，暧昧关系总会产生不良的影响，阻碍个人职业发展，甚至毁了一个人的职业前途。

作为女性，陈盈应该明白一个道理：办公室恋情更应该现实一点儿，办公室毕竟不同于大学校园，在大学里大胆示爱也许会获得他人的掌声以及鼓励。而进入职场后，就应该学会收敛自己的感情，假如想在职场上有所作为，对待办公室恋情，还是应该采取谨慎的态度。

你选择爱情，还是事业

大家都看过《杜拉拉升职记》吧，杜拉拉与销售总监王伟的一段办公室恋情虽然最终是圆满的结局，但在王伟离职前，两人并不敢公开恋情，因为公司规定同事之间不能谈恋爱，否则其中一个人必须辞职。那么办公室男女们，该如何对待这份儿感情呢？

赵宇是一家公司的设计总监。他为人谦和，业务水平过硬，工作能力很强，深得领导的信任。

冯娟是刚来公司的新人。有着高挑的身材和清纯的外貌，而且名校毕业，浑身上下洋溢着一股浓浓的书卷气。

赵宇乍一见冯娟就很有好感。冯娟正是她喜欢的那一类女孩子，相貌漂亮，个性沉静内敛，低调不张扬。

冯娟应聘的职位是设计工作。因为刚毕业没有工作经验，赵宇经常鼓励和帮助她。冯娟很感激赵宇对自己的帮助，久而久之，渐渐地对上司产生了一种异样的感觉。每天都盼着上班能见到他，喜欢听他说话，喜欢看着他专注工作的样子，只要能跟他在一起，心里就充满了甜蜜的感觉。

冯娟明白自己是爱上上司了，她当然不敢表露，只能把这种情愫默默地藏在心里。但是，恋爱之中的人是心有灵犀的。赵宇还是从冯娟的眼神儿中读出了点儿什么。其实，他又何尝不喜欢冯娟呢，这个如天使般的女孩子，从第一次见到她起，就深深地打动了他的心。但是碍于两人在一个公司工作，自己又是她的上司，他不想让别人说三道四，所以，一直克制着自己的感情。

有一次，天气很冷，赵宇来上班时，由于穿得太少不慎被冻感冒了，浑身发冷、酸软无力，下午还开始发起了低烧。经理让他回去休息，他硬是不肯，非要支撑着工作。冯娟看在眼里，疼在心上，等到晚上下班时，别人都走了，冯娟要陪赵宇去看病，开始赵宇不肯，总是说没事，回去吃点儿药就好了。见赵宇那么固执，冯娟急得眼泪都下来了。看见心仪的姑娘为自己流出了眼泪，赵宇很感动，赶忙乖乖地答应去看病。后来，冯娟陪赵宇看完了病，又打车把他送回了家，才放心地回去了。

从此以后，两人的心仿佛一下子贴近了。虽然谁都没有表明什么。但彼此心照不宣。通过这段时间的相处，赵宇感觉到冯娟不仅长得漂亮，而且心地善良，温柔体贴，善解人意。他觉得冯娟就是他一直苦苦寻找和期待的另一半，他真想时时刻刻和冯娟在一起，但现在两个人在一个公司工作，又是上下级关系，怎么能够谈恋爱呢！理智告诉赵宇这是不可行的。

在一家公司里，想把单纯的同事关系、上下级关系处理好都是件难事，现在如果在他和冯娟之间又加上一层恋人关系，一切都将变得更加复杂，对他、对冯娟、对其他同事来说都是一种尴尬的局面。再说冯娟又是赵宇的直接下属，无论赵宇如何尽力做到一碗水端平，所有同事尤其是赵宇的其他下属都会颇有微词，因为在别人眼里冯娟的身份已经比其他人特殊，这就给赵宇和冯娟在公司的发展埋下了隐患，公司的高层和同事都不希望看到在自己身边出现这么一对儿恋人，大家都会觉得不舒服。而且，万一赵宇利用工作之便，天天和冯娟“腻”在一起，会不会沉迷于其中而丧失斗志呢？

如果两个人要恋爱，就只有一个人离开公司，会是自己吗？赵宇心中十分矛盾，自己经过十多年的苦苦奋斗，才获得了今天的职位，真的太不容易了，怎么能说放弃就放弃呢！那么就只有让冯娟离开公司，可是他怎么向冯娟开口呢？

这天下班后，两人约好了去喝咖啡，冯娟看起来很高兴，脸上难掩幸福的表情。当赵宇终于下了狠心，压抑着自己对冯娟的不舍，提议冯娟换一家公司时，冯娟的眼神黯淡下来，脸上也没有了笑容，垂着眼皮说："我明白你的意思，你是觉得如果和我好了，以后会妨碍你在公司的发展。"赵宇一看她这样，心又软了，便安慰说："这应该是件好事呀，我不想和你一直在一家公司里工作，说明我对你是认真的嘛，很想和你有一个好的结果。"

冯娟叹了口气，过了一会儿才幽幽地说："唉，我只想和你在一起，哪怕多一分钟也好，谁知道能有多久，我就是不想和你分开。你让我离开公司，可现在找工作哪儿那么容易呀？我一切还要从头开始，你说，你是不是让我牺牲得太大啦？"

赵宇实在不忍心让冯娟为了自己付出这么大的代价。冯娟不是一个没有事业心的人，自从来公司后，冯娟一直非常努力，而且很有灵气，工作上已经取得了一些成绩，这也是大家有目共睹的。却因为和自己的关系，就不得不选择离开，今后她能否找到满意的工作，能否在新的岗位上做出成绩来，这个过程会有多长，一切都是未知数。赵宇明白以冯娟对自己的感情，她最终会愿意做出这些牺牲，但自己是不是太自私了呢？

难道办公室恋情真的行不通吗？如果赵宇和冯娟要做恋人，他们中就至少要有一个人的职业生涯发生重大的变故，理智与情感，难道就真的不能两全吗？赵宇一时陷入苦闷之中。

对于多数年轻人而言，工作带来的最大收获是什么？除了金钱和事业上的成功之外，大概感情的归属问题也要考虑在内吧。尤其是处在那种青年男女较多的公司，大家每天朝夕相处，做相同的工作，共同克服困难，说不定什么时候就从同事变成了好友，从好友升级为情侣……

男女相恋，原本无可厚非，只是由于办公室恋情产生的地方乃工作场所不适合，所以便成了敏感的话题，甚至成为被多数老板深恶痛绝的工作效率下滑的根源，很多大公司都会有这样一条成文或不成文的规矩：公司内部员工不得恋爱，否则就请另谋高就。要么要工作，要么要爱情，想鱼和熊掌兼得，门儿都没有！

其实，老板们的顾虑也并非空穴来风，有句话说得好，恋爱中的女人智商为零，恋爱中的男人没有智商。爱情会使人头脑发热，这是无可争议的事实。若是在工作的8小时之外亲热一下当然没有问题，倘若两人在办公室里就亲热起来，或眉目传情卿卿我我，或暗送秋波勾肩搭背，且不说会招来周围其他同事的反感，也不可避免地会影响工作，这当然也是老板们不愿意看到的事情。

也许有人会觉得，男女搭配，干活儿不累。工作原本就枯燥乏味，若能有爱情的滋润，不仅不会影响工作，反而会提升工作的效率。毕竟，两人共同学习，共同工作，共同进步，这是多么美好的事情啊！在理想的状态下，这种情况当然可以实现，可问题在于理想与现实之间永远有一段无法弥补的差距。现实中的情形常常会演变成这样：女孩儿工作忙不过来，于是找来男友帮忙，男友当然责无旁贷，放下手中的工作就去帮助女友。结果，女孩儿的工作倒是搞定了，男友的工作却被耽误了，不仅会招来周围同事的议论，更会招致老板的不满和训斥，长此下去，必然会影响到工作。

如果恋爱双方为上下级关系，像赵宇和冯娟那样，事情就变得更加复杂了，身为下级的一方，即便是完全凭借自己的本事和努力获得了诸如加薪、升职等待遇，都会招致别人的曲解——谁让人家有靠山呢？这诸多的麻烦事会让恋爱的双方感觉压力重重，无法放松地全身心地投入到恋爱之中，这样两人都会感觉到压抑和疲惫，不良的情绪势必会影响到工作。因此，若想恋爱顺利进展下去，有一个圆满的结局，就势必要有一个人做出牺牲——离开原来的公司。其实，两人不在同一个公司工作，还是有很多益处的。每个人都需要有属于自己的独立的空间，即使靠得再近的人，也还是需要距离的，特别是恋爱中的人，空间的压缩会带来很多负面效应——生活圈子小了，我们的精力分散了，我们的话题简单了。

如果两人不在同一家公司工作，就意味着彼此有了更多的独处空间，也就有了更多的话题。这样彼此可以大胆地谈论工作，并做对方的第一参谋。更重要的是，由于两人现在不能时时相伴左右，所以就会特别珍惜相逢的每一刻。而两人的恋情也终于可以“光明正大”地展露给世人了。那样两人才会真正地体味到“自由恋爱”的可贵，那种浪漫、甜蜜和温馨足以让两人忘却一切烦恼，尽情地投入进去。这样难道不是更好的结局吗？

把握与异性同事交往的度

身在职场中，和异性同事相处还是要讲究分寸的。不要以为大家只是在工作中相处，就可以忽略彼此的性别。办公室本来就是个是非之地，流言语甚多，异性同事之间生来就有着性别的差异，因此一定要注意双方之间的适当距离，把握好交往的尺度。

换个角度来说，办公室就是一个小的两性社会，也可以说它是两性社会的缩影。男女同事之间的交往，应该遵循一个重要的行为准则：大方不轻浮，亲近但不亲密。否则，很容易为自己招来麻烦。简单地说，在工作过程中，只要把心态放平，正常大方地与异性相处，就一定能够处理好与同事之间的关系，成为办公室里受欢迎的人。

李珊今年28岁，现在是一家公司的人事主管。刚进公司时，李珊刚大学毕业，没有任何工作经验的她在公司里做一个小小的文员。靠自己的努力，一步步地坐到了现在的位置。

在工作中，她也不是一帆风顺的。刚进公司时，李珊是个不谙世事的女孩儿，性格大大咧咧的，跟谁都嘻嘻哈哈的。她很少对男同事和女同事加以区别，在她眼里大家都一样，很快，李珊就和大家打成了一片。那时候，办公室里有个小伙子性格比较内向，平日里在办公室里沉默寡言，也很少和大家接触。李珊觉得他这样太不合群了，看起来很孤单。于是就经常主动找他聊天，下了班以后两人还经常一起去吃饭。但渐渐地，李珊听一个要好的同事说别人在传她和那个小伙子的闲话，这让她很生气。她从这件事中吸取了教训，从此刻意地与那个小伙子保持距离，一段时间后，那些流言就消失了。

从那件事中，李珊深知男女有别，不管是男性上司还是同事，都应该保持距离，不能过于亲密。有一段时间，公司的工作非常忙，李珊的上司王主管对李珊非常关照，不仅在生活上关心她，工作上也尽力帮助她，他甚至会加班为李珊写一些文件，或者分担一些工作。有同事经常和李珊开玩笑：“李珊，你真够有福气的，有上司那么无微不至地关心着……”李珊听出了同事的弦外之音，她知道长时间这样下去，自己欠主管的人情越来越多了，迟早自己也得搭进去。她明白自己应该怎么做。

于是，李珊趁着其他同事不在场的时候，真诚地对王主管说：“主管，谢谢你这段时间以来对我的帮助。在我心里，一直把你当哥哥一样看待。我会好好努力的，不会辜负你对我的期望。”王主管第一次听李珊这么说话时，脸上的表情显得有点儿尴尬，但是赶忙掩饰过去了。其实，在他心里，对李珊还是“有点儿想法的”，否则他不会那么不计报酬地帮助她，但是他摸不准李珊心里到底是怎么想的，所以不敢贸然行事。听李珊这样说，赶忙说：“没什么，你不要客气，我看你手头上的事挺多的，反正我回去早也没什么事，所以才帮下你。”

从此以后，每次王主管帮助李珊时，她都会在没有其他同事的情况下，对他说：“大哥，真的谢谢你，你辛苦了。”而王主管对李珊的看法也改变了许多，渐渐地从内心深处把李珊当成小妹妹来看，在她遇到困难时给她帮助。

李珊用自己的智慧与同事们相处得很融洽，三年后，李珊就顺利地完成了职场上的三级跳，成为公司最年轻的主管之一。

李珊算得上是一个非常聪明的职场女性，吃一堑长一智后，将自己与男同事之间的关系处理得非常恰当，并且在人际关系方面做到游刃有余，工作上更是迈上了一个新的台阶。

要想做到与异性同事相处得比较融洽又适度，必须遵循以下几个原则，才能够尽量减少麻烦。

一、说话把握分寸

男女同事相处在一个办公室中，交流是必不可少的，有时候为了活跃办公室的气氛，男女同事之间会打打闹闹，但一定要注意分寸，没有异性的时候，怎么打闹都不要紧。假如办公室有异性同事在的话，就应该讲究分寸，比如说有的男性职员在办公室不顾女同事在场讲一些“荤段子”等，不仅会影响到自己的形象，也是对女性同事的不尊重。

二、把握好交往的尺度

一般情况下，同事成为亲密朋友的很少，尤其是男女同事成为亲密朋友的就更少了。关于男女同事之间到底有没有真正的友谊存在这个话题已经讨论了很多年，得出的结论也是多种多样。因此，谨慎起见，还是不要与异性同事交往过密过深，以免破坏了办公室男女同事之间正常的交流与合作，交流时应当以工作为重心。同事毕竟是有别于同学、朋友的，彼此之间交流的重点应该放在工作上，而不应该像与同学、朋友交流一样，海阔天空、家长里短地什么都说，尤其是与异性同事之间，更不应如此，一味地将自己的私人问题透露给对方，容易让对方产生误会，也容易让其他同事产生误会，对自己的人际交往会产生不利的影响。

同事之间，男女有别

办公室里同事间保持怎样的距离，是每个人都要慎重对待和考虑的问题。有些人以为，只要一味地跟同事关系搞密切就是最好的方法，这样做就大错特错了。因为同事之间并不是单纯的友谊，你们还有竞争。和同事勾心斗角是一件危险的事，但和同事亲密无间则是一件愚蠢的事。最好的办法是友好相处，但要有所保留。

同事又有性别之分，对于同性别的同事和异性别的同事，还要区别对待，不能一视同仁。下面我们将重点分析一下，如何正确处理与同事之间的关系：

一、同性同事，寻找共同话题

所有一起工作的同事都应友好相处，特别在和同性的交往中则更应如此。因为我们每个人都一样，来公司上班均是为了生存和自身的发展，大家在一个屋檐下生活，为了一个共同的目标而努力拼搏，同样感受着工作和生活带来的压力，工作中我们都需要支持配合和互相帮助。如果我们可以以一颗真心来对待同伴儿的话，关系将很容易就能得到处理。因为是同性，有很多感受和对事物的看法都是相同或相似的，可以试着多去找一些人家对生活或工作均有兴趣的话题，不啻是一个表示友好的方式。

当然，同性同事中，对“话不投机”的伙伴则更多的要采取“工作伙伴”的态度来对待。对于这些不能分享更多工作经验和兴趣的人可以少交往一点儿，完全没必要把所有人都当作是可以发展成朋友的“潜在因子”来交往对待。

看见有同事去主管上司那儿打小报告，也不必为此而大惊小怪和猜疑。若他这样做只是为满足其个人利益，这样的事则可以完全不去理会，只当作他对事件和工作“处理不当”，他这样做会对他个人将来的事业发展毫无益处，我们学会这样来评判就可以欣然面对了。说白了，我们每个人都不会在同一家公司干一辈子，你我均是匆匆过客而已。注意那些必须值得你注意的事，学习值得你学习的东西就够了。

二、异性同事，拒绝亲密接触

与同性同事相比，在与异性同事相处时就要更谨慎点儿，因为本来就隔着性别的差别，再加上经常在一起工作而办公室里那些流言蜚语又甚多，所以更应注意与异性同事保持恰当距离。

在与异性的工作交往中，一个很重要的原则就是：在态度上应该落落大方、不轻浮，不做作。其中主要包括行为和言语两方面。应该多以尊重对方、肯定对方的工作伙伴的关系来处理办公室中的一些必要的事务，这样将会使某些复杂的事务变得简单一些。

在与异性同事的交往中，千万勿将彼此的关系处理得太过亲密，更不要处理成类似“恋爱关系”所期望的那种结果，最好不要与某个异性发展成比其他异性更为亲密的关系。至于下班以后朋友之间的交往就是另外一回事，但在办公室内切忌亲密接触。

物以类聚，人以群分。一起工作的异性同事，会有更多的共同语言，很容易成为朋友，难免会互生出好感，如果你确实不想将这种真诚的友情关系发展为恋情，你就应当将感情仅仅投入限制在友谊的范围内。即使有很深的好感，也不应在办公室表露出来。如果对方把对异性的那份儿好感升华成所谓的爱意，自己也应明智干脆地将其化解，千万不要让对方觉得你给予默许和鼓励。

和女同事和平共处

办公室里的女同事可以说是一道靓丽的风景，也有可能是一个危险的陷阱。尤其对于年轻气盛的小伙子来说，女同事那里更是一道难过的坎儿。如果你不想与女同事发生点儿什么故事，只是想把工作做到位、把人际关系处理好，不妨遵从以下原则，与女同事和平共处。

一、工作不分性别

无论我们从事的是什么工作，都不应该将性别摆在第一位。我们都清楚能真正体现一个人的价值的决定因素是工作做得好坏。与其过分、过多地强调区分性别，还不如换个角度，强调让她学会并提高某项专门技艺，这不是更有助于她赢得尊敬吗？

二、不准她撒娇

在一些女同事中还存在这样一种现象——她们经常有“因为我是女性”等这样的撒娇意识，这种意识最好不要带到工作场合中，尤其是在做一些私事的时候经常会说出这样的话，像“把东西给我拿来”“送我回家”等。这种情况应该尽量避免，因为公司里的男性毕竟只是同事，彼此间都存在一些工作上的利益问题，因此不要过分地依赖和寻求别人的帮助，尤其是异性。在她提出“这个我不会”“你帮我做一下”之类的话时，不妨告诉她让她多增强自己的责任心，提高自己独立工作的能力，这样同事才会更加尊重她。

三、尊重她、重视她

许多人都持有这样一种看法：“女性迟早是要结婚生孩子的，不如在办公室里就这样凑合着干吧！”其实这样看问题是完全不对的。随着时代的发展，当今许多人早已将这种看法和心态改变了，尤其是生活在都市中的人。所以对于女职员来说，她会非常反感和厌恶这种观点，因此在这一点上你要学会尊重女性。

四、爱发牢骚就给她戴高帽儿

很多时候一些女性职员在面临这样或那样的一些情况时，常常会有怨言，难免会对此发一些牢骚，比如常常会不客气地说“我最讨厌加班”“这样的工作干不了，实在干不下去了”等，这些都是对自己的言行不负责任的表现。当我们面对她们的这些做法时，不妨用戴高帽儿的方式给她们赞美与肯定。你可以告诉她“不，要是你认真点儿，肯定能干好”“你一定要帮这个忙，有你工作会更快更好地完成。”让她听到这些带有奉承的话，或许她真的会将工作做得更好哦！

五、训斥她要注意方式

有些女同事稍加责备，就会生气将嘴噘得老高，并且有时候会认真地开始言语相向。对很多男人而言最棘手的事情，往往就是女人生气委屈时这种歇斯底里的反击。女性嘛，本来就比男性容易计较，常常感情用事，所以在责备她们的时候一定要谨慎，主要应该做到以下几个方面：第一，不在他人面前直接责备；第二，不把她们与其他人比较；第三，批评她们时最好不要有其他人在场，要冷静地告诉她，“希望你以后注意这一点”。相信这样会使她们更好地认识到自己的不足，给她们一定的尊重，也会让她们免去一些难堪。

六、对她们要一视同仁

在工作中对刚刚参加工作、资历较浅的年轻女生要施以同情，或者在看到那些漂亮的女人时会不知不觉地庇护起来给予更多的关注帮助，这些往往是一些男士做出的事情。也许你做这些时只是你自然而然的表现，但是其他女性对这种事情想法就不一样了，他们对这样的事情非常敏感，私下里会传言：“XX先生，喜欢那个女孩子，爱上她了。”如果你不想给那些爱煽风点火者造谣的机会，你就应该对办公室里所有的女性一视同仁、平等对待，当然了，如果确有自己喜欢的女性，最好的办法还是下班以后到外面去约会。

七、对待年长的她要礼貌

在办公室里，年轻的男性职员怎样与年长的女性职员相处，可能也是一件非常棘手的事。如果在工作上男性先做出了显著的成绩，一定要注意自己在对她们的态度上要做到朴实、真诚，千万不能像骄傲的孔雀一样乐于炫耀。如果这样的话，对方就会对你产生一种反感情绪。另外在与比自己年长的女性同事相处交流时，要尽量避开有关年龄、婚姻以及可能涉及她们个人私事的话题，那样是对她们的极度不礼貌。

八、要留意你和她的绯闻

如果在某段时间公司里盛传你与某位女同事交往甚密，面对这样的情况你应该如何对待？其实这个时候我们要做的最好就是置之不理，正是“风从平地起，我独倚高台”。

无论是在工作中还是在生活中，男女关系事实上一直都是很敏感的话题。处理不好就会给自己及对方带来不必要的麻烦，如果某位男同事被别人认为和某位女同事之间走得过于亲近，往往其他的女同事就会很自然地疏远他。但是，事实究竟又是怎样呢？这些只有当事人才知道。而周围却存在太多喜欢捕风捉影的人，只要有一点儿风吹草动被他们察觉就会四处宣扬传播。

这类事情的发生，传播的言语大都是往坏处想的，在无意中也多少含有一些对当事人的恶意。对于周围的人而言，也许更乐于听到别人这样的流言蜚语，或许还有一些人对此是又妒又羡吧。这个时候作为当事人，如果因为这种事而觉得很难为情，很尴尬，而拼命地急着向别人解释和说明那就更加麻烦了，这样做反而会使别人对传言的兴趣愈发高涨，使本来可以很容易被解决并很快就可以过去的事件愈描愈黑，对传言的消除更加不利。当然也不排除有那么一些当事人很喜欢这一类绯闻的出现与不断地传播，自己也会不时地出面对此添油加醋说得天花乱坠，这样反而会让一些人因为些许的羡慕和嫉妒更加嫉恨，愈发恶意中伤。这样一来，事情就会变得更加难以澄清和难以解决。

当我们面对这样的事时，最好还是从头到尾都不要去对别人的传言给予理会。过段时间对方看你没有反应，自然也就觉得无聊没趣儿了，就不会把这件事一再地传下去。其实有时候别人仅仅只是猜测一下而已，如果你对整个事情一发表意见，反而会给对方提供更多传播的话题。

与男同事同心共事

在办公室里，白领女性如何与男同事更好地配合工作与交往，无疑是白领女性需要学习的一门学问。那么，到底怎样才能让两者更好地相处呢？

一、收集公事情报

办公室里，白领女性和男同事共事时，要仔细聆听他们的谈话和建议，以便从中获取对自己工作上有价值的情报，从而得到有益的启迪，使自己的工作有所进步。

二、积极沟通感情

白领女性在下班或周末时也可以主动约男同事或主管外出喝茶，交换彼此对工作的意见，但一定要言之有物，这样才可达到互相沟通的目的，要避免那些无所谓的闲聊。

三、拥有助人精神

下班时间到了，别人都在匆匆忙忙地收拾东西准备离开，这时，你最好不要像别人一样急着说再见，而是要看看还有没有忙于工作的同事，并想方设法地帮助他更快地完成工作。这样无形中就可以在工作中建立情谊，也改善了人际关系。

四、不要惹人生气

人在很多时候一忙就会闹情绪，变得急躁，搞得事事不耐烦。因此，尤其是白领女性务必要注意这一点，即使你的工作再忙，也要注意和同事们的说话态度，千万不要让同事们因为误解而产生敌意，或者认为“女人爱闹别扭”。

五、降低说笑音调

很多女性说笑时的尖锐声和娇滴滴的语气，会让许多经常相处的男同事产生反感心理。因此，白领女性应时常对照自己，看自己是否也存在这样可能会引起别人不悦的地方，努力自审，做到“有则改之，无则加勉”。

六、展现女性的魅力

女人爱美及娇柔是与生俱来的，白领女性除了在工作上应让男同事和主管看见你理性、坚强的一面外，也要适时地展现出自己作为女性该有的温柔的一面，比如你可以偶尔带鲜花到办公室，插在人们进门或工作间隙别人容易看见的地方，这样也可给人留下美好的印象。

Part 06 第六章

作为领导者，头脑要冷静

这一章我们主要谈谈作为一名主管在企业中到底扮演着怎样的角色。简单来说，主管对下是高层领导和经营者的替身，向上是员工利益代表和情报员。

主管不同于普通员工

法国寓言大师拉封丹曾讲过一则关于“胃和四肢”的故事：

四肢有一天不想再为胃工作了，因为它们决心要过绅士般悠闲的生活。于是其他器官也都以四肢为榜样，什么也不干，并说：“没有我们的劳动，胃只能去喝西北风。我们受苦流汗，像牲畜般劳作，最后就为了它一个，我们的辛勤劳动换来的只是它饱吃饱喝，罢工吧，只有这样，才能让胃明白是我们一直在供养它。”

大家如是说，也就这般地去做了，手不拿，臂不挥，两腿也歇着，大伙齐心让胃自己想办法去找吃的喝的，然而，没多久，大伙感觉到它们犯了个后悔不迭的错误：四肢这些可怜的东西很快就感到衰弱了，因为心脏没有新的血液供给，四肢难受，就这样逐渐没有了力气。这个时候四肢终于明白了，它们所认为的悠闲不干事的胃，其实对集体的贡献实际上不比任何人少。

从这则关于“胃和四肢”的寓言故事中我们可以理解到至少两个重要的关于管理学原理：

第一，在一个公司或集体里面，每一个人的分工肯定是不同的，所以每一个人的职责也是存在很多差异的。这就好比是“胃”和“四肢”一样，它们各有各的任务，各有个人职责。“四肢”是不能去苛求“胃”做那些不在它职责范围之内的事情。作为一个优秀的管理者同样的需要清楚自己的职责与他人职责的差异性，要对自己的角色有一个清醒明确的认识，一定不能使自己的角色出现错位的现象。

第二，要想让一个整体有机地运作起来，并使每一个人的利益都能够从整体的运作当中更多地获得，唯一的办法就是每一个职位上的人都各司其职，各尽其责。上面寓言故事中“四肢”最后之所以尝到了恶果，归结原因就是由于他们没有尽到自己的责任。这样一来，受害者不仅仅是它们自己，更是连累了全部整体。

我们还要再次重申：作为一名管理者，上任后应该做必须做的第一件事情就是去弄清楚自己的身份与职责，对自己所担当的角色有一个明确而清晰的定位。

“认识你自己”，这是一句刻在古希腊的阿波罗神庙当中的话，影响人类几千年命运的名言。作为一个优秀的管理者，在他发挥自己管理职责之前，所要做的就是对自己要有一个清醒而准确的认识。如果不能很好地认清自己的角色和能力，就很容易产生各种弊端。

作为一个管理者，最主要的就是认清自己在企业中应该起到的作用和所处的位置，也就是回到本章所说的角色认知。所以，从你被任命为主管的那一刻开始，你应该明白你在整个团队中的角色已经发生了转变，这时候你必须最快地重新进行角色的定位。

扮演好主管的三个角色

作为一名主管，在企业中到底存在着怎样的角色呢？简单说来，主管对下是高层领导和经营者的替身，对上是员工利益的代表和情报员。一方面他们向下代表企业的领导，是负责向下属宣布公司的目标和计划，并监督下属更好执行的人，同时也负责管理和领导所属员工；而另一方面，则是代表基层管理者和员工，负责向上面反映计划的执行情况、目标的完成状况以及企业所面临的一些实际情况，并还能直接向上反映下属的利益要求。

主管如果扮演不好这三个角色，则很容易失去现在的位置。

梁杰是一家高技术企业的销售部主管，与他的上任不同，他对试验里发生的事情都非常感兴趣。每当他听到哪怕是一点儿一点儿某项试验能给企业的销售带来好处的消息，他就会在不通知别人的情况下在试验室周围徘徊，并私下找试验人员谈话。

很多人疑惑他在公司工作的时间不长，而且也没有技术背景，他怎么会有这种兴趣呢？这很令人费解。有一天，一名试验室的初级工作人员给他看了一种刚刚研发的新材料，其实这名工作人员对这种材料的属性和前景并不十分了解，可梁杰就这样硬是把一个样本拿走了。后来公司管理层了解到，公司主要的客户不仅知道了这种材料已经在技术上有了突破，而且还向公司寄来了产品将来生产的日期。

这让公司十分难堪，因为这一开发还处于初级阶段，这一试验的材料最终能不能生产还是个问题。梁杰并没有为自己有失检点的行为感到丝毫的不安。当然，公司很快就给他下达了辞职信。不久以后梁杰就谋求了另一份儿工作。又在很短的时间内，梁杰成了主要竞争对手的总主管。可是，没过多久由于和董事会意见相悖，梁杰再一次被解雇了。接下来梁杰应聘到了一家完全不同领域的联合控股公司，但两年以后梁杰还是又失业了。

从这个例子中，我们看到了梁杰因为不能融入当下的管理团队，导致了他不停地转换工作岗位，这样的结果完全就是怪他始终没有将自己投入到公司的适宜角色之中，自然也就不可能让自己的才能得以展现，也实现不了公司和自身的价值。所以说，作为公司的主管，尽快地认清自己，找准角色才是重中之重。

一名主管，想要在工作中扮演好自己的角色，肯定不是一件容易的事，但也不是一件难事，关键就在于你是否有角色意识，只要有了这种角色意识就有了演好角色的前提，剩下的就应该是自己本身的能力问题了。相信如果所有的角色都演得很不错，你离成功的目标就不会远了。

1. 作为上司下属的角色

作为上司下属的主管者，这个角色是十分明确的，说白了就是经营者的替身！主管者职业的出现主要是因为高层领导分身乏术才存在的。由于一个企业设置了具有不同职责的主管者，这样就可以实现整体不同的分工。老板本身无论从业务的角度，还是专业的角度来看，他一个人都是不可能掌握公司各种分工所需的技能。更高的主管者在自己职责上，来实现管理的专业性。而中层管理只有在上司授权范围内才可以来管理自己的部门，只有各部门在分工的基础上，共同协作，一起为上司做好这份儿工作，才能提高整个组织的效能和生产力。

2. 作为平级同事的角色

在一个公司里面会有很多主管，每个主管只负责很少的一方面的管理事务，所以在公司里，你和其他主管在享有相同的权利的同时，也都有着相同的义务，可能你们在管理内部事务上是相互独立的，但又是在整个公司的框架下协调完成工作的。

3. 作为下属上司的角色

在下属面前，主管者具体应该有五大角色：分别是管理者、领导者、教练、变革者和绩效伙伴。

既然作为下属的上司，首先应该是管理者。所谓管理者，就是“通过他人达到目标”的人。如此说来，主管者的首要任务是：知道如何让下属去工作、如何让下属们工作得更好。通过一系列的计划、组织、控制、协调等职能运用企业所有可利用的资源，如人员、固定资产、无形资产、财务、信息、客户、时间等，去实现组织赋予自己所要达成的目标。

一般情况下，人们都会将上司称为“领导者”，但是，领导这个称谓实际上不是一种职位概念，更多的是上司的一种行为方式。在一个公司里，设备、材料、产品、信息、时间等需要的只是管理，只有人才需要领导。所谓“小企业做事，大企业做人”，主管者的角色绝对不仅仅只是对所拥有的资源进行计划、组织、控制、协调，更关键在于发挥影响力，把下属凝聚成一支精诚协作的团队，同时，要做到不断地激励下属、指导下属，选择最有效的沟通方法去帮助下属提升工作能力等。这正是主管者最重要的角色。

如果在你做主管的时间里，下属的能力并不能得到提升，如果你只是等着下属们“实践出真知”的话，你就已经算是失职了。不仅是失职两个字这么简单，这可能就是你的部门经常不能及时地很好地完成任务的一个原因。你千万不要以为这是公司的事情，或者是人力资源部门的事情。有一项国际调查表明，员工工作能力的 70% 是在直接上司的训练激励中得到的。你如果想要部门里的下属有很高的工作绩效表现，你就必须成为他们的教练，不断地在工作中训练指导你的下属，而绝不是只知道一味地用他们。

大环境上，在世界经济一体化的今天，整个社会已经进入“十倍速”

或更高的变革时代，这是一个“快鱼吃慢鱼”的时代。那些世界500强企业的平均寿命也只有短短的40岁，而那些长寿的企业无一例外的也都是在不断变革中发展着的企业。所以，你若是想使自己的部门发展强大，你必须站在变革的前列，不要以为变革应该是老总们要考虑的事，更不要以为自己作为主管只是上面做出决定你去执行就可以了。

请管理者认识到这一点：你不是高高在上，向下属分派完工作，等着要结果的“官”，你应是你下属的绩效伙伴。这样说就是意味着：你与下属是绩效共同体，你的绩效有赖于他们，他们的绩效也有赖于你。既然成了伙伴，你与他们就是一种平等的、协商的关系，完全不是一种居高临下的发号施令的关系，应该是通过平等对话与良好沟通去帮助下属；既然你们是伙伴，就同时也要从对方的角度出发，考虑下属可能面临的困难，这样才能及时地为下属制订绩效改制计划，使绩效得以提升。

角色错位是个老毛病

主管人员的角色认知与定位，在这个变革时代对企业发展非常重要，这个问题一直是人力资源管理与开发的一个重要课题，我们必须站在当前的形势下，对企业主管人员进行正确的角色认知与定位给予帮助。因为管理者一旦角色错位，将会造成非常大的危害。

大致说来，管理者在企业中角色错位有以下几种典型的表现：

1. 向下错位

很多管理者有时候爱把自己当作民意代表，要代表民意去和领导交涉，这样可能就会跟领导闹对立。特别是在看到自己的下属由于受到来自企业的处罚或者由于企业的战略目标而需要对企业进行结构调整时，管理者因为在日常工作中与自己的下属接触比较多，更能看到他们的疾苦，相对地就有了一定的感情，以至于会在这个时候扮演起同情者的角色，这是一般管理者很容易犯的一个错误。

2. 向上错位

不能很好地去执行领导所交付的任务，更多的是整天替领导担心，常常对公司的安排和决定评头论足。我们都知道，管理者在企业的运作当中体现的应该是企业的意志，但是在许多的实际工作当中，某些部门管理者由于对本部门的工作比上司更熟悉，可能就会认为上司的决定是欠妥或错误的，或者至少不太符合实际情况。在这样的一种情况之下，管理者就极有可能产生一些抵触情绪，试图改变上司做出的决定，直至符合他个人的想法。这种现象其实是管理人员最应该忌讳的。

3. 自由人

还有一些管理者总把自己当作一个自由人，觉得自己想议论谁就议论谁，想评论谁就评论谁。

4. 管家婆

事无巨细事必躬亲，亲力亲为，大包大揽，大事小事一起抓。常言道，当有所为有所不为，他们似乎还没有认识到“好钢要用在刀刃上”的道理，这就是强调了管理者一定要把自己有限的精力和时间投入到最应该且最需要自己做的事情上来。

5. 和事佬，老好人

管理者一定要明白自己的身份，在下属面前坚持必要的原则，只有这样才能使个人的威信得到确立。不要在下属面前扮演那种老好人的角色，使自己不敢坚持原则，最后落得个好坏不分、是非不明的评价。如果你既是管理者，又作为和事佬的话，那么就只能使你失去下属的信任。

想要让自己成为一个出色的管理者，只有建立在认清了自己所应尽的职责之后，才能把自己的本职工作做得更好。

新官上任，勇敢亮剑

“面对强大的对手，就算不敌，也要毅然亮剑；即使倒下，也要成为一座山、一道岭，倒在对手剑下算不上丢脸，那叫虽败犹荣，要是不敢亮剑，你以后就别想在江湖上混！”这是电视剧《亮剑》里面一个人物说出的一段慷慨激昂的台词，这里体现的是一种英雄的精神，一种无畏的勇气。但对于一个企业管理者来说，演绎的故事当然是不可能这么荡气回肠的，但我们同样需要的是你敢于亮出自己、亮出自己的威信和领袖魅力的那把剑！

作为一名领导者，要实现有效的领导才能，不仅是要有权力（职权），同时更要有威信。所谓威信，就是领导者在管理活动中表现出来的那份品格、才能、学识、情感等对被领导群体所产生的一种非权力的影响力。工作中，人们常常把领导者的威信视为“无言的号召，无声的命令”。主管要想成功地管理部门，也必须要有威信。而管理者本身其实就要把威信发挥到极致，作为实现目标的一种身份，主管就是要以身作则来影响他人。

“威信”是领导在有效地开展工作时必备的一种内在力量，威信高的领导必定拥有坚实的群众基础，这样他去开展工作便会顺风顺水，起到呼即有应、有令即行，禁即止的效果。反之，领导本身威信不高，开展工作便会“逆水行舟”，会不时地遇到这样那样人为的阻力与压力，那么他就会陷入“说话无人听，做事无人跟”的尴尬境地。

有这样一位颇有见地的企业主管，他在研讨会里曾直接地告诉职员：“在这个现实世界里，众所皆知的那些一流管理者，无一例外的是他们每一位身上都具有一处罕见的人格特质，这足以使他们处处展现出威信领袖的风范。他们不但能够很好地激发下属的工作意愿，更具有高超的沟通能力，他们似乎浑身都散发出无数吸引人的力量。尤其重要的是，他们带领的团队在工作上会屡创佳绩，拥有一连串骄人的辉煌成就。当然了，只是运用奖赏力与强制力来管理的话，也许会有效，但是如果你想要提高自己的威信，也想赢得众人的尊重和喜爱，我建议你们尽自己最大的努力去影响和争取下属的心。假如你们谁能做到这些，那么你们谁就有可能成为一位成功的主管，而且这样也会帮助你完成更多不可完成的任务。”

一直以来，明智的领导都十分珍惜在群众中的威信，他们经常保持与群众的密切联系，更注重为自己树立良好的自身形象，使自己拥有高尚的人格力量，从而形成独特的领导风格。他们有的严于律己，宽以待人；有的雷厉风行，作风过硬；有的亲和豁达，公私分明；有的勤恳扎实，不务虚华；有的锐意进取，敢为人先。凡此种种，都是一位领导树立自身威信的方式方法，当然，他们风格特点也各有不同。

威信几乎是每一个管理者都想要追求的东西。因为他们知道，作为管理者，如果没有威信，在很多时候会比一个普通员工还要糟糕。也许对于普通员工来说，只要干好自己所要完成的事就行了，不用去借助威信带领别人做出更多更好的事。但是作为一个管理者就不一样了，管理者如果不立威，就不可能有太多的作为。曾经有人用“主管=实力+威信”来概括企业主管的特征，这就突出了实力与威信在构成主管能力中的重要作用。很多人总是强调，主管的能力是比什么都重要的，其实并不是这样。要想使自己成为一个优秀的主管，除了要拥有超群的实力外，还需要的就是威信。

威信，就像是管理者头上的一顶光环。失去了威信，一个再有能力的主管，在下属眼中也会显得是那么无足轻重！那么怎样树立你的威信？

一个成功的管理者，应该是99%的个人威信和1%的权力行使。很多人之所以为他的上司或组织努力去工作，绝大多数的原因，都是出自组织上司的个人威信，激励着大家勇往直前。那么，如果作为刚上任的主管，应该如何来树立自己的威信呢？

一、征服元老

在每一个部门里面，都会有一些工作经验丰富、资历久的“元老”，这些人通常在工作生活中有比较稳定的人际关系，更多是他们身边还聚集着一群拥戴者。所谓的元老，往往是因为自己年龄偏大而激情减退，这样就难免因循守旧并且应变能力差，这使他们常陷入经验主义的怪圈。因此很多时候，他既听不进去别人的看法，也不善于自己学习能力的培养，没有充电意识，更不屑于的，其实也是对你有直接影响的，就是一个年纪轻轻的晚辈领导自己。所以在你刚刚当上主管之后，他们就很可能摆出一副对你不屑一顾的态度，在工作上也极力地不去配合你，而其他的员工这时候也会唯他们马首是瞻，在这样的情况下，你若想服众，必须要先从征服元老开始。

征服元老的方法说出来其实很简单。一方面，元老们所倚重的往往就是他们的经验丰富，所以你不妨在这方面满足他的虚荣感，尽量地拍拍他的马屁，试着多给他戴戴高帽子；而另一方面，由于你新晋升做主管，元老在心理上也会对你有抵触情绪，可能认为你是外来人，所以这时候应该和他来个“推心置腹”的交流，用真诚的沟通方式消除他对你的敌视，上述这些，对摆平那些“元老”应该是可以起到作用的！

林君是一位刚刚上任的部门经理，对自己新的岗位充满着无限的憧憬和抱负。可是由于林君的资历不深，而现在的地位又凌驾于一些元老之上，“抢”走了顺理成章本应该属于元老们所拥有的地位。因此当他上任后，就出现了一些下属冷眼旁观，甚至有的下属故意拆台的现象，特别是一些元老对他更是视若无人。

林君十分头疼，他这时候深深感觉到：要想树立好威信，首先一定要从取信于元老开始。一日，林君交给一位元老制订月度计划的任务，并告诉他要两天内完成。可到了第3天，这位元老还没有交给他。林君看到，这位仁兄并不着急，甚至在办公室内还和他人谈笑风生，完全没有忙于赶计划的意向。林君觉得，到了该好好和他谈谈的时候了。下班后，林君约了这位元老到茶馆坐坐，林君亲自给他斟上了茶。在幽幽的茶香中，林君先是大谈特谈一些从别人那听到的关于这位元老取得的成就，又是自叹不如，又是谦虚地表示今后要向这位元老取经，没过几分钟，这位元老就有点儿飘飘然不知天南地北了，刚开始对林君警惕性也逐渐地消失得差不多了。此后，林君还和这位元老谈到自己的成长经历，谈到了自己的人生观、价值观，谈到了自己的工作经历，谈到了在这个公司得到的帮助和自己的奋斗经历，以及对未来事业的种种憧憬等。总之，林君推心置腹地和他聊了很多。

第二天，林君一到办公室，就看到办公桌上工工整整地摆着这位元老交上来的月度计划表。

要征服元老，一定要懂得如何“拍马屁”取悦于他们，二是要懂得和他们更多的沟通。沟通本身就是为了理解，能够赢得他们的理解，无疑就赢得了更多下属的心。而且，自己作为“新人”，还是一定要积极地听取元老们给予的意见，更多时候可以将他们当作自己工作上的顾问，让元老们感到，他们的资历和意见是备受“后生”重视和尊重的。

二、展示强势执行的决心

执行力是一个非常重要的问题，所谓威信最终要得到的效果无外乎就是事情更完美地执行。每一位管理者上任，他们都有自己的管理方法，立新规矩肯定是必不可少的事。但不同的是往往会出现两种截然相反的结果，有的新规矩很快就变成为一纸空文，新官也很快地就会威信扫地；也有的新规矩很快便深入人心，成了新的真正的标准。

何以会出现如此迥异的结果呢？不妨看看下面这个例子，他的做法颇有独到之处。

张威在上任后不久，照例重新明确了部门的规章制度，并且做出了一些奖惩办法，并照例要求“立即执行”。但张威似乎感觉到，下属并未真正意识到他要强化规章制度的这种决心，并且还有隐约看他笑话的意味。有一天，张威故意违反了自己刚定的新制度，事情发生后马上公开，并对自己的这一“错误”按照新制定的规章做出了惩罚。他认为：每一个制度的确立必定要有牺牲者，才能起到以儆效尤、前车之鉴的效果。

一个制度的确立，确实并不能立即显示出它的威慑力，而只有在相对应的违规现象出现时坚决“依规惩处”，才能让人真正地信服。但不管从谁身上下手，都会得罪下属，这一点尤其对于新上任的领导来说必须要谨慎，那为何不能像例子中的张威一样，试着从自己身上做出牺牲呢？采取张威的这个办法，确实起到了很好的效果，后来肯定就很少人再故意地“以身试法”了。

三、站在下属的角度坚持原则

树立威信，是每一位新的上任者必须要做的，但威信一定是让人自觉地信服，并不是让人产生惧怕的心理。要求你作为主管，在工作中你应该更多地以温和的态度和下属接触，但对于原则问题也一定要做到秉公办事。对于下属，新的上任者应该始终贯彻既严格、又温情的领导态度。比如，当下属确实存在严重错误时，一定要根据规章予以处理，但最好还是第一时间找下属进行深谈，既要批评错误又要给予他帮助，尽可能多地去了解下属的需要，以防止再发生类似事件。在与他们的交谈中，更多的是应该站在下属的立场上，为他们考虑和帮助他们解决问题，而绝不是一味地批评，并且要始终明确“对事不对人”的原则。

另外，你还应该做到以下几点来使自己的威信得到确立：

1. 做遵守制度的榜样

在一个集体里，谁都不可以凌驾于制度之上，即便你是一个领导者、一个制度制定者。如果你自己做到遵守制度，下属会知道他们也必须这样做。如果领导者都严格遵守制度，下级就会步步效法，人人都会做到忠实照办。

2. 赞扬你的下属

优秀的领导应该对于他下属的才干和成就多给予表扬和赞赏，要尽可能地把工作中的荣誉让给下级。遏制过多的满足自己的虚荣心的行为，这样下级就会为你尽心竭力。

3. 言必行，行必果

对于自己所做出的承诺一定践行，对于答应给予别人帮忙的事情一定做到，一定不要随口滥开空头支票，那样的话别人才会信任你。

4. 培养人才

要想自身得到发展，你必须致力于人才的培养。其实，作为一个优秀的领导者，最大的成果就是能够为组织培养出一批优秀的管理人员。

5. 找对方法

对于培养下属，一定不要只是一味地提问题，更多的是要引导他提出经过深思熟虑能解决问题的办法与建议，这种方法可以节省你对下属培养的时间。

6. 承认错误

我们都知道，人非圣贤，谁能无过？当自己在工作生活中做错事或者对事情的处理不恰当时，应当直截了当地承认错误，这样才显示出大将风范，往往这时候能够赢得大家更多的尊重。

领导魅力需要慢慢培养

作为领导，你就应该在下属面前展现你所具有的那种领导魅力！著名心理学家豪斯认为：出色的领导以其领导气质能够指出下属前进的明确目标，帮助他们在犹豫不前的情况下明确方向，激励他们为实现目标而奋斗。曾经有人做过一项有趣儿的研究，经过整理分析发现，那些具有领导特质的人常常能够利用他们的情绪表达能力来激励或影响他人。那么领导特质有哪些呢？

一、核心角色和领导气质

在工作生活中，很多人都有过这样的困惑：同样的一个建议，为什么在你的口中说出与在他人的表达中说出所产生的是截然不同的两种效果？在很多情况下，为什么有着比别人更出色才能的你，却无法像他人那样被团体认可得到肯定呢？你又是否意识到这种现象的发生对你的职场之路有着什么样的影响呢？……无论在何种团体中，总有那么一个人充当着核心的角色，他的言行都能够被团体接受和认可，并且能够指引着团体的某一些决策和行动的制定。我们可以把他们称为具有“领导气质”的人。

当然，具有这种领导气质的人并不一定是所谓的高层的管理者，小到几个人组成的办公室，大到一个集团，总会在那些特定的范围内有一个人具有这种说服他人、引导他人的能力。在很大的程度上，领导气质也是人格魅力的一部分。

二、下属为什么愿意追随你

伦敦商学院组织行为学教授杰伊康格（Jay onger）一直把领导气

质定义为一系列行为特质的集合，他认为这些行为特质能让他人感受到你散发的一种特殊魅力，这里面不仅包括发掘潜在机遇的能力、敏锐察觉追随者需求的能力，更包括总结目标并公之于众的能力、在追随者中间建立信任的能力，以及鼓动追随者实现领导目标的能力。康格强调，追随者是否认为一个领导具有领导气质，完全是取决于该领导长久以来在工作生活中所表现出来的出色行为的数量、这些行为的强度，还有它们与情境的相关程度。

三、社会控制能力

其实一个具有领导气质的人，之所以能够解读各种社会情境的需求，正是利用社会敏感性这一技能，而得以构成领导气质的另一个更重要的技能就是社会控制能力，这种社会控制能力是扮演不同社会角色所应该具有的基本技能。所以我们可以说，具有出色的社会控制技能的人是优秀的社会演员，他们能够胜任多种社会角色，在任何社会情境里都能如鱼得水，让自身得到很好的发挥。在一定程度上说，具有领导气质的个体也正是由于其自身具有社会控制能力，才使其自信，得以更大更好地表现。

四、领导者和非领导者的区别

在另一方面，具有领导气质的人所产生的社会效应如何，则是取决于他在别人眼里更高的可信度。那为什么这些社会技能出色、具有领导气质的人看起来更诚实、更善于言辞沟通呢？一些研究人员做过一次实验，他们对在那些实验录像中的言语行为和非言语行为进行了细致的观察和分析后，发现具有领导气质和不具有领导气质的人相比，前者说话较为顺畅流利，语速较快，在情绪的表现上更加丰富（表现为微笑次数较多），另外就是与听众接近的次数较多（较多的眼神接触，使用包容性代词如“我们”的次数较多），以及更多的表达情绪时带动的肢体语言，而相对的那些紧张情绪就很少表露（如抓耳挠腮，坐立不安等）。

调查还发现，这些表现能力强、具有领导气质的人与缺乏情绪和社会技能的人相比，那些具有领导气质的人更令人喜爱、更积极、更有吸引力，这样的人也更有可能成为人们工作生活中乐意交往的朋友或约会的对象。当然了，这些具有领导气质的人所散发出的“吸引力”不一定完全得之于漂亮或英俊的外表。

而实际上，更多的有领导气质的人即使不具备漂亮或英俊的外表，也比具备漂亮或英俊的外表却缺少领导气质的人更富吸引力，因为在他们身上具有的是一种所谓的“动态吸引力”，就是一种与人沟通、表达自己想法、激励他人的吸引力。

那些具有领导特质的领导，典型的特征就是他们能够唤起、激励、影响他人的情绪，另外，领导本身的表现力还拥有吸引他人注意的能力，这些都是由交往能力和吸引潜在追随者注意的能力所构成的。总结上面的理论来说，其实还暗示着这样一个观点，即具有领导气质的人能够触摸到他人的情感深处，这一点不容忽略。这样看来，管理者如果具有领导气质，那么对于员工工作积极性的提升是具有不可估量作用的。

让自己拥有领袖气质

当今，日趋全球化的经济体系要求在职场的每一个人，一定要使自己具有超凡的领导能力和与别人良好的协调能力。更多的人开始寻求如何在团体中树立自己的权威形象，如何培养自己的“领导气质”的方法。当然，我们都知道树立权威形象、培养领导气质，并不是一朝一夕就可以完成的事情，那么我们在日常工作中不妨注意到以下几点，或许有利于你的领导气质的培养。

一、诚实守信

这样一个市场化的社会在权力、金钱等各种欲望不断充斥的情况下，每个人似乎都变得尔虞我诈。“诚实”在成了“老实”的代名词后又好像成了“无能”的标志。于是，在生活中，我们看到刚从校园里面出来的书生，也会为了找到一份儿理想的工作，而演绎出像在履历上出现了同一所大学有三个学生会主席的闹剧。最后这种欺骗所带来的，更多的是自己前途上的阻碍。我们不妨试想，一个欺诈而不讲信用的人，似乎已经连人格都会让人产生怀疑的人又怎么可能在他人心里树立权威形象呢？请记住，诚实守信不仅是培养“领导气质”的基本条件，更是做人最基本的条件。

二、学会倾听

学会倾听也是在职场上表现自己的一个方面。很多人认为“说”比“听”更能展现自我。这话其实并没有错，但是你有没有想过自己所说的是不是能被团体所接受呢？在日常的工作生活中，我们都看到过这样的情景：当一些人在大家七嘴八舌地讨论争吵时，他们总是一声不吭地在一边静静地坐着，只是仔细聆听着别人的发言，只有到最后，他们才会站出来果断地说出自己的意见和见解。这些人认为，首先“听”是对他人的一种尊重，也可以帮助自己更多地了解别人的思想，了解别人有什么样的需求，还能了解自己和别人之间存在的差异，同时也能认识到自己的长处和不足，当掌握了一切信息以后，往往他们所提出的意见就会站在一个新的起点上，站在团体的角度上，站在更多人的利益上。因为他们最后所做的发言掌握了更多的信息，这使他们的见解也更深入、更权威。如果自己每一次的意见都是相对正确和稳妥可行的，那么就自然地能够在他人心中树立起权威形象。

三、重视身边的每一个人，从记住别人的名字开始

一个人要想得到别人的重视，树立起你自己的权威形象，你就必须先要学会怎样去重视别人。在现代社会里，由于生活节奏的加快，交流的增多，也许一声招呼就可以使我们认识一个新的朋友。可是对于你来说，想要记住他们每一张新面孔肯定不是一件容易的事。再次见面却一时想不起他人名字的尴尬场景便会常常发生在我们身上。但是，又有谁意识到这其实已经是对他人的一种忽视和不尊重呢？心理学家发现过这样一个现象，当许多人坐在一起讨论某个问题时，如果一个人在发言中，能够提到多个同事的名字及他们曾经说过的话，那么，这些被提到的那几个同事就会对这个人的发言重视一些，也会比较容易接受一些。我们不禁要问，为什么只是一个称呼会有这么大的魔力、带来这么大的效果呢？那就是“被重视”这个因素在起着最重要的作用。因此，不如就让我们从记住别人的姓名做起，去给予每一个身边的人足够的重视，这才是使自己受到他人重视和尊重的开始。

四、从大局的利益出发

如果一个人在待人处事上只从自己眼前的利益出发，那是肯定得不到团体的认可和接受的，当然也更谈不上树立起自己在他人心目中的权威形象了。

小郑在一家集团的市场部工作，每一个月月初，自己的部门都会召集地区级主管开定价会议，可是不知道什么原因，小郑每次提出的定价总得不到许多人的认可，甚至更多的时候还遭到负责其他地区的同事的排斥，他为此觉得很苦恼。后来，在一次偶然和同事交流的机会里，在另一个地区的主管对他吐苦水的时候，他终于找出了问题所在了。事情其实很简单，因为小郑所在的地区销售情况一直都很好，而且竞争对手也比较少，相对而言，他就可以制定一个比较高的价格。可是，其他地区竞争对手的实力就比较强，而且市场的吞吐量又不是很大，在这样的情况下，销售价格如果定得高，便不可能完成既定的销售目标。小郑只是单方面地考虑自己所在地区的情况，没有从大局考虑，所以他所提出的定价自然是得不到大家的认可。

其实像小郑这种情况，在我们的生活和工作中经常会发生。因为许多人总是会自觉或不自觉地从自己的角度出发来考虑和处理与自己相关联的工作，如果我们能够学会设身处地更多地为他人着想，相信我们就一定可以取得大家的信任。

五、果断地提出你的意见

如果你在工作和同事的相处中做到了上面所讲的几个方面，其实你已经赢取了大家的信任与尊重。但是我们的权威又该如何来表现呢？那么，你就做到对自己的平时成绩有很清楚的认识，说话时一定要坚决些。比如，有些人在工作中面对这样那样的问题时，明明自己有独到可行的见解，却瞻前顾后，犹犹豫豫，等到其他同事意识到并提出时才懊悔不已。就这样一次一次地错过机会，已经使得你失去了很多表现的机会；还有另外一些人，平时说话总是模棱两可，本来自己提出的意见是很正确的，却让他人产生模糊的感觉，使人对你的意见不好辨别，这也同样地会让他人对你的权威性产生怀疑。

所以，当你慎重地考虑好一个意见之后，就请你果断快速地提出来吧！

喝彩是最好的激励

管理员工离不开激励，激励是指管理人员通过一些刺激、推动的方法，协助员工完成或达到公司及个人的预期目标。作为一名优秀的管理者，应该时常为下属喝彩。

可能有很多经理人认为，如果称赞下属过多，就很可能使下属产生骄傲自大的心理，并会开始松懈，这种观念是错误的，作为领导，最重要的工作之一，就是成为一个为下属喝彩的领导人。意思就是，一个领导必须是第一个注意到下属优秀表现的人，并且可以对他们毫不吝啬地大加称赞。

在公司里，无论他们是管理人员也好，还是一般人员也罢，无一例外地都希望自己的工作能够得到肯定。谁都不愿意自己辛辛苦苦地劳动了半天，到头来连领导的一点儿肯定都得不到。如果一个员工的工作总是不能被肯定的话，那么在今后的工作中他肯定会失去以往的工作热情和兴趣，失去对工作的主动性。领导如果能够了解员工的这一心态，就应该随时地给员工必要的鼓励，从而达到激励士气、鼓舞人心的效果。

同样，如果下属呈上最好的工作作品，而你却装作视而不见，就很容易让下属心生感慨，认为自己这么辛苦地工作完全不值得、没有要求自己做得这么多、这么完美。因此，工作动力就会渐渐下降。慢慢地，他们在工作中的表现也会越来越差。毫无疑问，任何人都是需要激励的，需要被别人承认的。所以，当一个人费尽心机地完成某事后，无论怎样，你至少应该对他说上一句：“嘿，干得不错！”

在某公司，一个员工搞了一项小发明，公司老总立刻对这个员工说："这是一个非常好的产品。"随后就投放了市场，很快就取得了很好的效益。身为员工不仅从精神上得到了极大的鼓励，并且让自己的"自我实现"这一需求得以满足。接着在颁奖大会上，公司老总除了为这位员工颁发了奖金和证书外，还额外地给他的父母、爱人以及孩子买了不同的礼物，这位员工当场就感动得流下了眼泪。这位员工不仅在精神上得到了鼓励，而且还得到了物质奖励，可以想象从那以后他为了公司的发展一定会努力不懈、全力以赴的。

对于员工，不论他们的想法多么少，他们的建议是多么的微不足道，作为领导，一旦发现，就要给予适当的鼓励，哪怕只是一句简单的"谢谢"，员工也能感受到你对他的关心。听了这句话，员工的工作心态也会变得轻松许多。

领导对于员工在通常情况下的要求大致如下：工作是否达到了目标；对事业有无贡献；是不是进步了；有没有造成损失。可有些领导却硬将这几点归在一起作为评价的标准，不能同时达到的就视为不合格，不加以奖励。可事实上，能同时达到这些标准的员工几乎为零。所以，作为领导应从鼓励员工出发，只要员工能达到其中的任何一项要求，就应当给予表扬与恰当的奖励。

某公司有这样一位经理，他经常到各个工作场所去巡视。一旦发现工作出色，或者在动脑筋设计新方案的员工，就在全体员工大会上当众加以赞扬。很多年以后，这个公司的一位退休人员还说："几年前，我曾为公司设计出一种新产品，并得到了经理的奖赏。当经理在开会提到这件事时，我感到非常吃惊，同时也非常感动，觉得死而无憾。这么多年来，我默默为公司所做的一切努力，终于以这种形式被经理所肯定，我感到非常满足。并且在退休欢送会时，经理又再度提起这件事，我不禁流下眼泪。"

读完上面这个小小的事例，我们可以从中看出，当员工的努力工作被肯定或承认后，会使员工何等的愉快，何等的激动。如果员工的努力工作能经常地被赞赏并肯定的话，那么员工的心理就会在很大程度上得到满足。

每个人都有渴望被肯定的心理。每个员工都希望别人能够对自己的成功表示赞扬或肯定，从而达到自己的心理满足。作为领导要充分认识到这一点，这种方法不仅简单易行，而且不必花费较大的心血与资金，但却能达到比较理想的效果。通过上面的例子我们可以知道，在激励员工时，一定要让员工产生心理满足感。让员工知道自己的努力得到了认可，自己受到了尊重，达到了自我实现的满足感。通过这种激励，也可以促使其他员工更加努力地工作。

奖励和惩罚同时进行

在美国有句谚语："你可以将马拉到水边，但你不能强迫马饮水。"当你要寻找最有效的约束力时，请谨记林肯说的话："试着用一滴蜜去赢得他的心，你能引导他走上你所期望的大道"。

激励和约束就好比同一个磁场的南极与北极。作为领导者对激励与约束应当给予足够的重视，对这二者的驾驭能力通常在很大程度上决定或体现着领导的水平与艺术。最有效的约束能使被批评者因为自己的某个缺点深感自责，并且毫无怨恨地重新按照领导的期望做事。这并不是什么高明的批评，只是通过爱心给予激励，而这恰恰能带来最有效的约束。

有这样一个淘气的孩子，因为跟同学打架，心中气愤一时无法发泄，于是对他的同学说："我恨你！"他实在是太生气了，所以边喊边跑，一直跑到山脚下，并对着山谷继续喊着："我恨你，我恨你，我恨你！"突然他听到了山谷的回音"我恨你，我恨你，我恨你！"此时小孩儿害怕极了，扭头就往回跑，回到家里，他对妈妈说："山谷里有个小孩儿说他恨我，我感到非常害怕！"他的妈妈又把他带回到山脚下，并要他喊："我爱你，我爱你！"这个小孩照做了，但这次他却发现：有一个可爱的小孩儿也在山谷里说："我爱你，我爱你！"

种瓜得瓜，种豆得豆。事情常常就是如此，你越严厉，对方就越敌对；而当你换个思路走向严厉的反面时，却会发现对方原来也是如此善解人意。林肯曾说过："一滴蜜要比一加仑的胆汁能捕到更多的苍蝇。"说的就是这个道理。

有一家餐具制造厂，它的创办人名叫保罗，他为人和蔼可亲，批评人的手段也相当高明。有次，有位车间领导大卫醉醺醺地来上班，吐得到处都是。有人将他扶到外面的墙脚让他醒酒，此时保罗正好从此处经过，便将他扶进自己的汽车并送他回家，回到家后他的太太完全吓坏了。保罗一再向她保证什么事情也没有发生。可她还是说：“你不知道，保罗先生根本不许下属在工作时喝醉酒，大卫要失业了，这可怎么办？”保罗当时就告诉她，大卫不会因此失业，他就是她所说的那位保罗先生。听了保罗的话，她差点儿当场昏倒。保罗告诉她，让她尽全力劝导大卫，同时也希望她在家里照顾好大卫，以便他在第二天早上能够正常上班。大卫第二天果然去上班了，但他酗酒的坏习惯也从此改过来了。不仅如此，在随后的一次劳资谈判中大卫坚决地站在保罗的一边，给予了他极有力的支持，他还劝说工人们，像往常一样和气地签订了合同。

我们能够从上面的这个例子中得到这样一个道理：你把自己最好的给予别人，别人就会把他们最好的送给你，反之，如果你越吝啬就越会一无所有。可令人遗憾的是，这个道理已经被大多数领导所遗忘。

有这样一位经理，他不仅不讲情面，而且还铁石心肠。某天早上，他主持召开一次重要会议，有一位下属向他提出一项请求：他太太病了，现在必须马上送到医院，他是否可以不参加下午的会议。这位下属并不是下午会议的主角；事实上，他上午已经做完了报告。但这位经理却说：“你替她叫辆计程车，会议在五点钟就可以结束了，你正好可以在探视病人的时间去看望她。”

在另外一个场合，还有一位经理，正在考虑着一个可去可不去的出差旅行。这次出差的日期也不是不可以更改，也不是非要按对方的要求派人出差才可以使问题得到解决。这位经理虽然知道那位应该出差的下属非常渴望能参加三天后他儿子的毕业典礼，但还是坚持要他明天出差，否则就要让他失业。

上面提到的这两位经理，真是严厉至极，他们将下属的利益完全抛之脑后，时间久了，就会让他们渐渐失去对下属的影响力，甚至下属还会利用其他方式将自己的不满表现出来。像这样如此不体谅下属难处的管理是不可能达到好效果的，这样的领导如同虚设。

当然，不同的管理者有不同的管理办法，但自己的思想与别人的行动永远是管理的精髓，而激励与约束并行才是管理的必要和重要手段，虽说条条大路通罗马，但只要领导者能够做出人性化的管理，切身地为员工的利益着想，将心比心，员工也一定会为公司创造出更多的利润价值。

学会与下属平等相处

那些真正有经验、有修养的上司，总能做到平易近人，与下属平等相处，唯有如此，才能赢得下属的真心拥护与爱戴，才能真正地树立自己的威信。

能够掌握与下属平等相处的方法，就相当于掌握了公司快速成长的秘籍。上司作为公司的核心领导人物，是权力的拥有者。在某些场合，出于工作需要，的确可以对自己的身份、地位加以强调，这样可以更有利地发挥权力的职能作用。然而，作为上司，千万不能因为自己拥有一定的权力就处处显得高人一等，处处以严肃的面孔示人，让人觉得你居高临下，这样你的下属就会觉得你面目可憎，不愿与你接近，所以你也就很难与下属建立融洽的上下级关系。

有一次，拿破仑自得地对他的秘书说：“布里昂，你也将永垂不朽了。”布里昂感到迷惑不解，拿破仑进一步说道：“你不是我的秘书吗？”意思就是说布里昂可以沾他的光而名垂青史了。但布里昂是一个自尊心极强的人，所以他反问道：“请问亚历山大的秘书是谁？”拿破仑答不出来，但拿破仑却没有因此怪罪他，反而高声为他喝彩：“问得好！”布里昂巧妙地暗示了拿破仑：亚历山大虽名垂青史，但他的秘书却并不被人所知，拿破仑自然也就明白是自己失言了。

要想成为一位真正有经验、有修养的上司，必须要做到平易近人，与下属平等相处，因为只有这样，才能真正赢得下属的真心拥护与爱戴，才能真正地树立自己的威信。身为上司要做到这一点，首先必须使用平民化的言行，待人接物要随和、亲切，不要自抬身价、故显尊严，让人觉得你高不可攀，仿佛一尊巍巍的雕像，也许能让人产生敬畏，但却不能让人感到亲近，这样的上司绝不可能拥有融洽的人际关系，他的私生活也会因为孤寂而缺乏生气。

某税务局的一位局长，他平时进餐馆、逛市场，认识他的业主都会对他毕恭毕敬，他对此也习以为常。一次他去医院看病，因为病人较多，他排了一个多小时的队才走进医生的诊疗室，可医生连看也没看他，就指着桌前的一张椅子说："坐下。"这位局长哪儿受过这种"冷落"，顿觉心中恼火难耐，便霍地站起来提醒医生说："我是税务局的局长。"医生总算抬头正眼看了他一会儿，若有所悟地点点头说："噢，那么请你坐两把椅子吧。"

上面所讲的只是一个幽默故事，但道理却显然易见，如果看病时坐两把椅子绝不会比坐一把椅子来得舒服，或者显得高贵。事实上，作为领导，在一般的场合中，不必要求那么大的排场与尊严，如果能把自己看成一个普通人，就不会感受那些不必要的心理失落，同时也更能赢得他人的真心拥戴与尊敬。

任何人都希望得到他人的尊重，希望能够与人平等地交流。在责骂下属的时候，万万不要用到"笨蛋"或"浑蛋"这一类的字眼儿，因为这样的责骂，不但会使下属的自尊心受到伤害，还会让他们一辈子都记得这个侮辱。除此之外，骂人的时间也不可过长。特别是当下属已经知道自己做错了、并且已有悔意时，这时即使不责骂也没有关系。

俗话说："给你一棒子，再给你个甜枣"。我们不要一棒子将人打死。对下属进行完严厉的指责后，千万别忘了适时地给予安慰。这也是为了让挨打且沮丧万分的下属，能够重新恢复冲刺的勇气，适时地安慰非常重要。然而，安慰也要讲究方法，不要让对方认为你是因为骂了人后悔才去安慰他，这样就会让对方产生看轻自己的负面效果。因此，在斥责与安慰之间，必须保持一段恰当的时间，这段时间最好是在半天到一个礼拜之间。

宽容是一种智慧

美国前总统里根有句名言：如果你要部属“向上”忠诚，你必须先“向下”忠诚。

正如：人上一百，形形色色。在你的下属中，可能存在各种各样性格的人，各人的处世方式、工作能力都不尽相同。有副对联写得好：大肚能容，容天下难容之事。所以，作为上司，也应该如此，必须具有宽宏的度量。

成功的上司总是胸怀宽广、豁达大度，当下属礼貌不周或偶有冒犯时，绝对不会与下属计较或滥用职权。因此作为上司，要有宽恕下属的大度，只有这样，才更能赢得下属的拥戴。

有一次，柏林空军军官俱乐部举行盛大宴会，为了招待有名的空战英雄乌戴特将军，一名年轻士兵被派去替将军斟酒。因为过度紧张，士兵竟将酒淋到了将军那光秃秃的脑袋上了。顿时周围的人都傻了，那名闯祸的士兵则僵直地立正，准备接受将军的责罚。然而，将军并没有像众人想象中的拍案大怒，他只是用餐巾纸抹了抹头，不仅宽恕了士兵，还幽默地说：“老弟，你以为这种疗法会有效吗？”就这样，全场的紧张气氛都被一扫而光。

还有一个例子：

在我国的北宋时代，有位文学家名叫石曼卿，有一次他游极宁寺，他的随从因一时疏忽让马受惊，将他从马上摔了下来。人们都认为他的马夫一定会受到他的责骂，可出乎所有人预料，他一边拍着身上的尘土，一边笑着对马夫说：“亏得我是石学士，若是瓦学士，还不被你摔碎了！”

下属偶尔冒犯上司，通常都是事出意外，而非故意为之。如果你“龙颜大怒，揪住不放”，不仅会让当事人下不了台，也会让别人认为你没有涵养、蛮横粗野；如果能大度地宽恕下属，则既可以解除当事人的尴尬，又可以增加下属对你的敬佩之情，使你们之间的关系更加和睦、融洽。

宽容是人生观中淡泊明志的代名词。假如你能宽容地对待别人无意的伤害，你将收获最诚挚的祝福；假如你能宽容地对待下属小小的失误，你将赢来百倍的尊敬。如果你学会了宽容，风过群山花开满天的灿烂就会永远出现在你眼前；如果你学会了宽容，你的胸口将不会再隐隐作痛，面对打击，也不会耿耿于怀，面对诱惑，也不会患得患失；如果你学会了宽容，那将是你几世修来的一种福气。

Part 07 第七章

时刻保持清醒，才能赢得竞争

如果说，爱情是一条单行道，但职场上的竞争，又何尝不是呢？在一个公司里，想要晋升的人不止你一个，而晋升的机会却非常有限。于是，竞争不可避免。为了实现心中的抱负，你必须和你的同事竞争，甚至和你的上司竞争。这是一个非常残酷的游戏，如果不能适应，你只会被淘汰出局。唯有拥有了强大的竞争力，晋升的机会才不会被别人抢去。

直面竞争，你不是一个弱者

俗话说，同行是冤家，无论你从事什么工作，必然存在着残酷激烈的竞争。不承认和不正视这种竞争，便是掩耳盗铃故作天真，过分夸大这种竞争，则是舍本逐末。

事实上，一个卓越的对手，远比一个平庸的朋友带给你的帮助更大。因此，学会与高手过招儿，会使你的职业生涯受益无穷。

那么，面临高手带给你的巨大压力，该如何应对呢？

从事广告创意的X先生，历经千辛万苦，终于赢得了上司的赏识和同事的拥戴，眼看就要成为部门主管，可以率领一个团队了。可惜，天不遂人愿，公司高层上司不知出于何种考虑，高薪从别处挖来一名业内精英S先生进入部门工作。而且，S很快就熟悉了公司环境，利用原有的客户资源，很快就有出色表现。

每个人都知道，部门主管将从这两人的角逐结果产生。X自己更清楚，自己多年的奋斗和拼搏面临强大的挑战。如何迎战？怎样取胜？败了，如何自处？太多的问题困扰着他。

X先生经过冷静思考之后，迅速找到了自己的优势和不足，最终决定扬长避短，奋起反击。他一方面利用自己在公司里的影响力，上下协调，不断完善自己的本职工作，表现出杰出的管理才能。另一方面，他主动与S先生接触，虚心地向他请教，不但使双方的关系大为改观，也使自己的业绩有了很大提升。

最终，X在竞争中胜出，成为部门主管，而S先生则被调到另一个部门当主管，双方皆大欢喜。在以后的工作中，两个人还成了非常好的工作伙伴。

竞争是冷酷无情的，尤其是和高手过招儿，一不留神很可能就一败涂地。我们要做的是抓住竞争的机会，去奋斗，去拼搏。也许你会失败，但在竞争的过程中，你也肯定能从对手身上学到很多东西。因此，遇到这种情况，需要从以下几点做起：

一、鼓足勇气，奋起迎战

面对高手必须要迎战，这一点毋庸置疑。就算知道这是一场势均力敌的竞争，自己胜算并不大，甚至知道这是一场不那么公正的比赛，也要去争，去斗。战而不胜，虽败犹荣。

二、充分发挥自己的优势

人各有所长，也各有所短，即使高手也不例外。因此，只要能充分发挥自己的长处，去迎击对方的短处，必然能出奇制胜。

比如上面的案例，X 先生和 S 先生都是业务出色的精英人才，这方面可能不分上下。可是，要成为一个团队的上司和管理者，是需要与团队有长期的结合、配合、磨合过程的。X 先生在同事中有普遍威信，显然具有优势，这是应该充分利用和发挥的。

三、反省自己的不足

与高手竞争，同时也是一个难得的学习过程。在高压力高强度下，人是会迅速成长的。因此，在竞争的过程中，一定要不断反省自己的不足，想办法进行弥补。即使最后竞争失败了，你也是有所收获的。

四、妥善处理与竞争对手的关系

在任何一个行业，都存在着竞争与合作的关系，同事之间就更不用说了。只要你还在这个行业里发展，就难免要和这些行业精英们打交道。因此，妥善处理与竞争对手之间的关系，就显得尤为重要。

在职场中，同行、同事之间的竞争在所难免，也无可逃避。在竞争的过程中，必须注意方式方法，不要把关系搞僵。如果还想在这个行业里混下去，应该给自己留条后路。即使自己失败了，经过这样一场竞争以后，对自己今后的发展也是大有好处。事实上，很多对手都是惺惺相惜，往往不打不相识，最终成为很好的合作伙伴。

下棋找高手，弄斧到班门

当今社会，人要想在激烈的竞争中脱颖而出，就要学会主动推销自己，敢于在能人面前表现自己，敢于和高手“试比高”。不要怕贻笑大方，弄斧还需到班门！

到班门弄斧，无非会出现这三种情况：一是鲁班见你斧技确实太差，不忍卒睹，拂袖而去。那么，你知道了自己的实际情况，打道回府，苦心习练，将来自然会斧技大进；二是如果鲁班热心肠，收你为徒，谆谆授予技法，让你百尺竿头更进一步，假以时日，“青出于蓝而胜于蓝”也未可知；再者，倘若你功底不凡，斗胆弄出几个新花样，博得鲁大师的喝彩与慨叹，那更是妙事。

当年轻的华罗庚还在乡镇小店里自学时，就敢于对大数学家苏家驹的理论提出质疑。正是“班门弄斧”的可贵精神，使他提早闯进数学王国的神秘宫殿。

物理学家伽利略年轻的时候，就向先师亚里士多德发出挑战。他提出的“如果毫无摩擦，运动着的物体便会永远运动下去”这一大胆的设想，后经牛顿实验证明，发展成了力学第一定律。

爱因斯坦在牛顿力学取得辉煌成就，成为物理学界的绝对权威时，却提出相对论的设想，认为牛顿力学只是大千世界中物体处于宏观低速运动中才适用的规律，爱因斯坦的这个见解，推动了自然科学的发展。

找高手下棋，你也能成为高手；找臭棋篓子下棋，你会越下越臭。那些自甘平庸者，恰恰就是缺少“班门弄斧”的勇气。那些不敢、也不愿意弄斧者，如果不是连斧头都不会拿，就是由于自尊心太强。他们深信“弄巧不如藏拙”“家丑不可外扬”。于是，便失去了长进技艺的机会。而实际上，那些你认为“拙”或“丑”的，在高手眼里，说不定正是“精”和“巧”的。自信心十足，就把它亮出来，或许还能登上大雅之堂。

同时，我们不但要敢于“班门弄斧”，更要善于“弄斧”。

首先，由于鲁班确实是有点儿权威的人物，因此，你必须带着拜人为师的态度，虚心学习，万不可自以为是，口出狂言。

其次，你必须把真实的自我显现在前辈面前。自作聪明，或自作笨拙都是不诚心的表现，会令人讨厌。

另外，真正想“班门弄斧”，你确实还得先会几下“斧法”，起码也得学它“前三斧”。不然，在“班门”前胡乱砍杀一通，人家也提不起赐教的精神。

最后，不必认定一处“班门”。不同的“班门”，自有不同弄法，可能各有妙处。你的目的只在于提高“弄斧”之技，因此，不必受制于某一“班门”，可以走多几家，博取众家之长。

当年，物理化学家沃尔夫誉满德国、显赫欧洲。有一回，他的弟子罗蒙诺索夫发表了一篇点名批评他的化学论文。一时间，许多人为教授鸣不平，诅咒学生是“不知天高地厚的狂妄分子”，总之，属于“班门弄斧”者。

不料教授却颇为得意，他说：“那篇文章是我推荐给《德国科学》发表的。”罗蒙诺索夫“弄斧”技巧也堪称高明。他没有直接将文章发表，而是先恭恭敬敬地送给老师指教，在老师面前弄了一回漂亮的“斧技”。

由于这件事，罗蒙诺索夫很快成为世界闻名的科学家。而教授自己，因其宽容与大度，也因其在与学生的讨论中受益，其知名度也随之提高。

巧妙地推荐自己，变消极等待为积极争取，是加快成功步伐的不可忽视的手段。常言道：“勇猛的老鹰，通常都把它们尖利的爪牙露在外面。”而精明的生意人，也总在把自己的商品待价而沽之前，先吸引顾客的注意，让他们知道商品的价值，这便是杰出的推销术。而所有这些，其实都是人们更好地向外界展示自己，以引起别人的注意，然后实现自己的目的。

运用好竞争中的“润滑剂”

要说职场如战场，虽有些夸张，但也不无道理。不同的是，职场里的同事既是对手，又是同盟。当我们在面对晋升、加薪等而成竞争对手时，我们需要做的是抛开杂念，不耍手段、不玩技巧，同时争取与同事公平竞争的机会。当我们需要共同完成一个项目而成同盟时，我们需要做的是友好、携手、合作，然后实现双赢。

面对竞争，同事之间不要将办公室里的地位和利益竞争表现得过于赤裸，那样只会招来无关同事的反感，影响你的形象，也会给你的竞争带来不利。真正明智的竞争应该是厚积薄发，暗里用劲儿，那样才不至于与同事在面子上搞得太僵。

面对强于自己的竞争对手，要有正确的心态；面对弱于自己的，也不要张狂自负。如果与同事意见有分歧，则完全可以讨论，不要争吵。应该学会用无可辩驳的事实及从容镇定的声音表达自己的观点。

当你挖空心思想出一个好主意，或者你勤奋工作为公司发展做出了极大贡献时，却有人试图把这份功劳归为己有。面对这种情况，你该怎么办？总不能整天气急败坏吧！下面几种方法或许对你有所帮助：

一、用短信澄清事实

当然，首先写的短信不能有任何坏的影响，短信内容一定不能让对方产生不快。写信的主要目的是要委婉地提醒一下对方，这个成绩是自己提出来的。为了给对方以一定的压力与威慑，你可以在信中适当的地方写上有关的日期、标题，可以引用任何现存书面证据。在短信的最后要建议进行一次面对面的讨论，这是很重要的。这能让你有机会再次含蓄地强调一下你的真正意思：这主意是你想出来的。

如果真的有人把你的功劳忘记了，想把功劳归属于自己，那么这个方法也许能为你争回原本就属于你的功劳。

二、夸赞抢你功劳的人，然后重申功劳是自己的

大加赞赏，这种方法对职业女性来说特别重要。很多研究者发现，女性员工喜欢从“我们”的角度，而不是“我”的角度来做事，所以她们的想法也就比较容易被挪用。这个时候，你也可以夸赞抢你功劳的人，当对手因为你的夸赞而高兴时，你就可以适时重申功劳是自己的。

三、退出争夺战

初看起来，这似乎不是一种方法，或者不能算是一种很好的方法。但对某些人来讲，这或许是最好的。你应该问一问你自己：哪个更重要，是把这个想法付诸实施重要，还是独自拥有想出这个点子的名誉更重要？

在做出决定时，应该考虑一下，要打这场“官司”得花费多少精力。在某些情况下，比如你正要得到一次重要的提升，要付出大量的时间和精力：或者除了“原则问题”之外其他并无妨碍，而要证明所有权只能使你疲惫不堪。也许还会让你的上级生气，让他们纳闷儿你为什么不能用你的时间来做点儿更有意义的事情。在这些情况下退出争夺战显然是明智之举，是上上之策。

面对对手，保持平和的心态

很多人努力工作的动力，主要是来自于一种野心，也是很正常的人心。如果我们没有野心，每天拼搏赚钱是为了什么？但把野心变成动力需要有一个前提，那就是良好的心态，能够积极地面对失败。否则，一旦在事业中遇到挫折，便很容易患上“职场嫉妒症”。于是你的世界就变成远离的孤独，它使你自我伤害和消耗，并使你缺乏外来的帮助。嫉妒会将你的朝气、温暖、光芒等一切人性的亮点连根儿拔起。

老张是位老员工，业务过硬，为人也忠诚可靠，但由于不会“来事儿”，多年来一直未能受到重用，看着一些比自己资历浅、能力也未必在自己之上的人，凭着擅长领会领导意图、溜须拍马，在职场青云直上，老张的心里颇为愤懑，时常对同事发一些牢骚。而小梅刚刚毕业，看着同办公室的小媚凭着漂亮脸蛋和一张会说话的小嘴，把主任哄得天天眉开眼笑，醋意大增，时常背后说些风凉话：“有什么了不起，看她都快成主任的‘小蜜’了。”

很多人都曾有过和老张、小梅类似的经历。多数人遇上这类的事情，虽然心里不满，但能顺其自然，不过分计较，也有的人则会对此耿耿于怀，或者直接找领导去辩理，或和他看不惯的人吵架，或者悄悄地用心计，和自己的“假想敌”争宠，钩心斗角，也有的人则把对“假想敌”和领导的不满长期压抑在心里，一个人生闷气，甚至有人因此闷出病来。下面这个故事，就是一个极端的例子。

夜深了，一名男子因为在晋升竞争中败北，一个人孤独地在公寓的房间里饮酒。

他年近四十还是独身。只是为了公司，不，是为了出人头地而不断地工作，有时还要不断地给人脚下使绊。就是为了这些事，他连结婚的事也没顾得上考虑。可现在他成了职场中的失败者。他的朋友排挤掉优秀的竞争对手，上周刚到总部当上部长。

这男子感到非常恼火，气愤不已：为什么是那家伙当上了部长，为什么一起毕业的我却败下阵来。

他所喝的酒仿佛变成了泪水。

这时，门铃响了。有人在门外说：“很抱歉打搅您，我是提供不幸服务的股份公司业务员。”

受好奇心驱使，这男子打开了房门。

门外站着一个和蔼可亲的三十多岁的推销员，他口齿伶俐地说：“这次人事变动真是遗憾。”

“你怎么知道的？”

“我们公司有优秀的调查人员，所以，给你那位讨厌、可恶的朋友提供点儿不幸如何？”

“提供不幸，有意思，给他来一家伙！”这男子借着酒劲儿高兴地说道。

“至于价格嘛，每提供一个不幸只花这么点儿。”推销员拿出小册子开始说明。

“好，就来一个！”

“钱可以在事后支付，请汇入这家银行的这个户头上。”

推销员行礼之后离去，男子呆呆地目送着推销员的背影。

一周以后，这个男子就听到了关于朋友的传闻：

他的妻子遭遇车祸住院了。

他上中学的女儿因失恋而自杀未遂。

他上小学的儿子因为在商店里偷窃而被警察抓住教育。

他家失了火。

有关朋友的不幸消息不断地传了过来。

这时男子脸色苍白。

“这是怎么回事？那推销员说的是真的？”

这名男子从公司回到家，开始喝酒。现在他为自己犯下的罪行感到恐惧了。

这时，电话铃响了，男子拿起了话筒。

“喂，喂，你，你是？”

“怎么样，按照约定，我们为你的朋友提供了不幸。”

“什么约定，你搞错了！我们不是说只提供一个吗？提供了这么多的不幸，你让我……”

“你说的我知道，不过，想给你朋友提供不幸的不止你一个呀！”

“是呀，竞争失败的又不仅仅是我一个人。”

“你应该高兴点儿，还有两个极好的消息：第一个，昨天夜里你的朋友已经自杀了，这样你心里一定痛快了吧！第二个，据我公司的调查人员报告，已内定由你顶替你的朋友升至总部。这样一来，我们又该忙了，因为，无论怎样你也会有许多竞争对手吧。”

“职场嫉妒症”的危害很多，虽然嫉妒可能有一定的现实基础，但这毕竟是一种心理层面的敌意与竞争，既容易引起同事间不必要的冲突，也可能得罪领导，形成人际关系的恶性循环，对自身的身心健康不利。

对于一般具有职场嫉妒心理的人来说，首先应该采取豁达的心胸看世界，努力做好自己的本职工作。对于别人的问题，采取“随他去吧”的态度，顺其自然，这样就会减少很多不必要的烦恼；而对于具有前面提到的四种情况的“职场嫉妒症”者，建议看看心理医生，调整一下个性和认知，从而更好地适应环境。

竞争靠的不是阴谋诡计

办公室就像一个小社会，同事就是这个小社会的成员。在与同事的相处的过程中，有一些行为的危害是比较严重的。这些不恰当的行为往往会破坏你在同事中的形象，或是引起同事对你负面的看法。因此，记住这些务必需要避免的行为，对你与同事的交往至关重要。

最重要的一点，不论多么讨厌一个人，也没必要耍阴谋去陷害他，所谓防人之心不可无，害人之心不可有。一旦你想要陷害别人，你自己也就会被卷入矛盾中，毕竟工作才是你的主要目的。你身边是否有表里不一的同事？比如：当着别人的面全是好话，背地里就专门喜欢评论人，还喜欢经常在上司面前告别人的状，好像谁都不如他一样，遇到这样的人我们都比较头痛。

小郑所在的公司是一家去年刚建立的公司，在小郑的部门中，上面有个副总兼项目总监，小郑的职位是助理，还有一个总经理，他们的关系都比较好。小郑在公司创业时期工作卖力，各项任务完成得比较好，无论是副总还是总经理都对小郑比较满意，想提拔小郑，于是逐渐把一些小的项目交给小郑，准备让小郑当项目经理。

本来事情很顺利，但是在今年招人的时候，招来了一个蔡小姐，她的职务是项目经理。但因为刚进公司，并没有给她单独负责一个项目的机会。

正好小郑担任项目经理的项目已经上马，上司就把蔡小姐暂时放在了小郑所负责项目的项目助理的位置。结果她就处处给小郑设陷阱。小郑交给她的工作，她总是敷衍地做做，然后在副总的面前，说小郑没有跟她交代清楚；面对顾客，谎报数字，让小郑在客户面前信誉全无；她还把小郑刚刚改好的文件说成是她做的。由于小郑不擅长处理这种人际关系，加之她对项目管理经验又不足，小郑的工作被她搞得一团糟。于是，上司开始慢慢地怀疑小郑的工作能力，而慢慢地相信蔡小姐的工作能力，直接的表现就是，小郑的这个项目的后续项目，让蔡小姐来当项目经理，而小郑被上司又调回助理的位置。

同事关系非常重要：工作的成功离不开同事的并肩协作；很多解决不了的难题会在与同事的沟通中茅塞顿开；同事可以对你的工作表现提出意见和建议；与同事的公平竞争能给你动力和学习的机会，让你在工作中保持愉快心情。面对晋升、加薪，应抛开杂念，你应该遵守现代职场同事规则，与同事公平竞争，而不是通过耍手段、玩技巧，来赢得最后的胜利。像蔡小姐那样，依靠卑劣的手段挤走同事、赢得晋升加薪的机会，实在不是君子所为。

小赵是南京人，长得眉清目秀。大学毕业后，她应聘进入南京一家民营公司。和她同一个办公室的是一起应聘进入公司的女大学生倩倩。倩倩来自苏北农村，不仅长相普通，而且头脑不如小赵灵活。但不知道为何，一段时间后，公司上下的员工都非常喜欢倩倩，主任也常有意无意地说倩倩为人实在，工作负责，而对小赵大家却总是不冷不热。从小到大从没受过这种冷遇的小赵开始嫉恨起倩倩，并寻找机会想要挫挫倩倩的锐气。

半年前的一天，倩倩得知家中的母亲病重，急需要钱，十分着急。小赵有意提醒倩倩她手头上公司的那笔货款，并向倩倩许诺第二天就会筹钱帮其垫上。等倩倩给母亲寄出钱后，小赵偷偷到老总那告了状。倩倩在人们的惊讶中离开了公司。

小赵说，自从倩倩走后，夜里她经常被同一个梦惊醒，梦中总有个黑面人抽打她。小赵不敢向任何人说起这件事，内疚的十字架压得她喘不过气来，她知道自己得了严重的抑郁症。

因为忌妒之心，小赵设下陷阱将同事挤出单位，但自己为此事深感愧疚得了抑郁症。从小赵身上，我们可以看到陷害同事，同时对自己的身心也是一种伤害。所以，在与同事交往中我们一定要坦诚相待，不能耍阴谋诡计，结果只能是害人害己。

一个人的品格影响着人际关系的建立。人们喜欢真诚、坦率、光明磊落、严于律己、宽以待人的人，讨厌那些喜欢搬弄是非、落井下石的人。许多工作需要团队的配合才能完成，同事时常一起加班研讨，长时间的共处，彼此更为了解，往往成为知心朋友，所以你不要抱着同事是“冤家”“敌人”的成见，否则你将难以立足，难以发展。

而作为老板，也绝对不希望自己的手下互相倾轧，他希望每个人都发挥自己的长处，为企业带来更多的利益，而互相排斥只会使自己的企业受损失。职场有自己的游戏规则，如果你是一个已置身现代职场或是准备投入其中的人，对这种新的“游戏规则”就要有更多的了解，以便于同事之间和谐相处，并从中享受这种关系所带来的好处和乐趣。

屡败屡战，竞争靠的就是坚韧

在竞争的跑道上，你不可能永远跑在第一名。实际上，也根本没有永远的赢家。今天，你可能在竞争中获取了胜利，也许明天就会有新的对手打败你。那么，如何面对竞争中的挫败，就成了每个人需要面临的问题。

首先，对获胜的同事心存嫉妒，甚至采取卑劣的手段打击报复，这种做法绝对不可取。另外，一旦在竞争中失败，便心灰意冷，或者干脆自暴自弃、不思进取的人也不在少数，这种做法当然也不可取。

那么，我们该怎样面对竞争中的成败得失呢？

在日本高知赛马场上，出现了一匹连战连败的雌马“春丽”。这匹已经8岁的名驹，一年之中为该马场赚进了5亿多日元。不但让这个原本亏损累累的日本最小的马场脱离关闭的命运，而且成为日本首个转亏为盈的地方赛马场。

春丽通过媒体报道而成为全世界知名的赛马，是因为它跑得快，是一匹千里马吗？非也，恰恰相反，是因为它6年来一直拼命地跑，却从来没有跑过第一。在和其他赛马的竞争中，它是一个彻底的“失败者”！

春丽从1998年11月在高知赛马场首次比赛后便每战必败，但它依然坚持不懈。于是，全日本的人都为它加油，排队等候买春丽的彩券要两个小时。有人还要帮春丽拍电影，春丽得以担任“女主角”。

因为春丽的热潮，与春丽相关的周边产品——以春丽的故事改编的电影、信用卡、T恤、书籍、音乐光盘以及各种吉祥物，为马和马主人带来不少的进账。

人们不免感到奇怪，为什么一匹常败的马能让日本人如此捧场？这是因为无数日本人都自比为春丽，认为它是自己人生的缩影。当自己在工作中输给竞争对手或者在其他竞争中处于落后者的位置时，想到那样一匹一败再败的马也有人声援、鼓励与安慰，心里便温暖许多。总之，有春丽在，日本人就觉得有希望。

春丽虽然一直在失败，但它依然不断地在跑。无法成为第一，没关系，尽最大努力跑完全程，便没有遗憾了。

在职场竞争中，难免会遭遇种种挫败。或与向往已久的职位失之交臂，或在某一次竞争中被淘汰，丢掉了现有的岗位。没关系，不要泄气，不要惊慌失措。你应该像春丽一样认真、拼命地投入到下一场比赛中，像春丽一样，忍受别人冷淡的目光和鞭打，一直不断地跑下去。

你要相信，只要自己每天进步一点儿，总有一天会取得成功。假如你失去了继续跑下去的勇气，那你就彻底没有胜利的希望了。

不以成败论英雄，说明人们对于失败的人是很宽宏大量的，尤其对百折不挠的失败者。正视失败也相信自己，不停地努力奔跑，你就会找到属于自己的成功。

Part 08 第八章

保持平和的心态，寻求双赢智慧

“双赢”是一种良性的竞争，更适用于现代社会中同人之间的相互合作。不过，人在自己处于绝对优势时常会得意忘形，不惜一切地去与对手争斗，其最终的结果大多是两败俱伤。所以，保持一个平和的心态，就显得尤为重要。

保持健康的竞争心理

曾经坐上世界冠军宝座的美国拳王捷克，他在每次参加比赛前都要静下心来祈祷一番。

朋友问他："你是在向上帝祈祷取得这次比赛的胜利吗？"

捷克摇摇头，说："不是的，如果我和对手都在祈祷打赢这场比赛，那么上帝会为难的。"

朋友很奇怪地问他："那你在祈祷什么呢？"

捷克诚恳地说："我只是祈求上帝让我发挥最佳水平，同时双方都不会受到伤害！"

朋友觉得有点儿不可思议："为什么这样祈祷？"

"因为比赛中的双方谁都想赢，但是不一定能赢，而且总有一个人会输的。因此，我只要尽力而为，使双方都少一点儿伤害，或者不受伤害就可以了。"捷克回答道。

朋友由衷地感叹道："遇到你这样的对手，即使输了，也让人感到高兴。"

竞争可以是建设性的，也可以是破坏性的，而双赢则是竞争的最高境界。只有像尊重自己一样尊重对手，你才能得到他人同样的尊重。

我们行走职场，难免会遇到激烈的竞争。在特定的环境下，保持健康的竞争心态可以产生积极工作的动力；相反，错误的竞争心态，往往成为前进的阻力。

从前，某个国家的森林内，喂着一只两头鸟，名叫"共命"。这鸟的两个头"相依为命"。遇事向来两个"头"都会讨论一番，才会采取一致的行动，比如到哪里去找食物，在哪儿筑巢栖息等。

有一天，一个“头”不知为何对另一个“头”产生了很大误会，造成谁也不理谁的仇视局面。其中有一个“头”，想尽办法和好，希望还和从前一样快乐地相处。另一个“头”则睬也不睬，根本没有要和好的意思。

如今，这两个“头”为了食物开始争执，那善良的“头”建议多吃健康的食物，以增强体力；但另一个“头”则坚持吃“毒草”，以便毒死对方才可消除心中怒气！和谈无法继续，于是只有各吃各的。最后，那只两头鸟终因吃了过多的有毒的食物而死去了。

在一家公司内，每个组织之间的关系就好像是个大家庭，成员中的兄弟姐妹，应该和和气气，团结一致。若发生什么不愉快的事，大家应开诚布公地解决，不应将他人视为“敌人”，想尽办法敌视他。因为大家都为同一家公司服务，一旦某个组织溃不成军时，其他组织也将深受其害。亲密是介于组织、主管和员工之间的一条看不见的线，有了亲密感，才会有信任、牺牲和忠贞。

因此，是否有健康的竞争心理，无论对公司还是对个人的事业发展有着重要的影响。那么，怎样才能保持一种健康的竞争心理呢？

一、在竞争中培养欣赏别人的气度

当对手胜利时，真诚地祝福他们，真诚地为他们喝彩，同时在失败中反思和奋起。“天外有天，人外有人”，只看到自身的优点是不够的，要学会用欣赏的眼光去看待别人，找出自己的不足，然后尽可能快地赶超对手。

二、在竞争中保持心理稳定，避免情绪大起大落

有竞争，就有强弱之分，弱者必须承受得住失败的打击。在这次竞争中失败了，并不表示在将来的竞争中也注定会失败；在这方面的竞争中失败了，并不说明你事事不如人。要克服自卑心理，选好努力的方向，不能自暴自弃。

三、树立“人人都有成功的机会”这一观念

人的一生充满了竞争，竞争促进了社会的前进，我们每个人都应把乐观向上的态度投入竞争中。在竞争中保持良好的合作关系，成功之后不忘提携幼弱，切不可为争一日之短长而做出有失道德的事。职场上的竞争与做人是不矛盾的，良好的品格修养只会让竞争促进人的全面发展。

拥有更多的竞争资本

一个人不管从事什么行业，只要具有足够的竞争资本，就不会被社会所淘汰。那么，靠什么来赢得竞争力呢？靠的是自己的一技之长。中国有句古话："纵有良田万顷，不如一技在身。"现代社会也有这么一句话："千招儿会不如一招儿绝。"任何人贡献给社会的都是他的专长。往往一切成就、一切幸福都建立在他最擅长的那一点上，即建立在"一招儿绝"上。只要你拥有了"一技之长"，拥有了一个"绝招儿"，你就有了竞争的资本，就有了就业谋生的手段。

很多人就是借一技之长获得了生存的本领，因此在社会上占据了一席之地。

武汉某水产公司的下岗女工邱莉下岗后学习并掌握了爱婴理发、洗澡等婴儿服务技能，开通了爱婴服务热线，创办了爱婴用品商店，得到了婴幼儿家长的热烈欢迎。目前，邱莉正在参加武汉大学儿童早期教育的函授学习，不断提高自己的爱婴服务水平。

三浦原太郎是一个从日本去美国的穷移民，他初到美国，口袋里只有500元钱，不会英文，只有靠当男佣人谋生。谁知道天有不测风云，偏偏此时他的女儿又生了重病，没有钱支付医疗费用，这让他整天愁眉苦脸，不知该怎样渡过这个难关，他甚至后悔不该到美国来。幸亏有一些好朋友慷慨解囊，总算暂时帮助他渡过了难关。

那一年快过圣诞节了，三浦原太郎穷得没钱买礼品送给朋友们，他想来想去，想到了一个办法——调制酱汁来送给好朋友们。因为那可是他最擅长的手艺。于是，他亲手调制了红烧酱汁，用瓶装了然后送给许多朋友。

谁知，他的酱汁大受欢迎，不少人都请求再多给他们一些，还有人建议他不妨出售酱汁，肯定会生意兴隆。就这样，他开始了经营酱汁的业务。

谁知他的酱汁生意一发不可收拾，不仅风靡全美国，而且还卖到全球许多其他国家。三浦原太郎的酱汁生意越做越大，十多年时间，他已经具有了5000万美元的固定资产，经营的范围也扩大到美食和滑雪板等。

三浦原太郎认识到了自己最具有竞争力的特长，找到了自己的价值，借自己的一技之长走上了一条致富的康庄大道。

人生在世，如果有一技在身，就有了安身立命的资本。如果技艺精湛，就一定会有一番大的作为。怕就怕“十八般武艺，没一样精通的”，这样就很难在社会上生存，更别谈什么竞争资本了。

小春是一个孝顺的小男孩儿，他看到父母每天起早贪黑地辛苦做事，却不能维持全家人的生活，心里十分心疼父母。于是就偷偷地跑到大街上想找个工作，结果他的运气还算不错，恰巧有一家商店想招一个小店员。小男孩儿就跑去面试了。结果，他发现还有其他的七个小男孩儿都想成为这家商店的店员。

店主说：“孩子们，你们都非常棒，但遗憾的是我只能要你们其中的一个。我们不如来个小小的比赛，谁最终胜出了，谁就留下来。”这样的方式不但公平，而且有趣儿，小家伙们当然都同意。店主接着说：“规则是这样的：我在这里立一根儿细钢管，在距钢管2米的地方画一条线，你们都站在线外面，然后用小玻璃球投掷钢管，每人十次机会，谁掷准的次数多，谁就胜出了。”结果天黑前也没有谁掷准过一次，店主只好决定明天继续比赛。

第二天，只来了三个小男孩儿。店主说：“恭喜你们，你们已经成功地淘汰了四个竞争对手。现在比赛将在你们三个人中间进行，规则不变，祝你们好运。”前两个小男孩儿很快投掷完了，其中一个还掷准了一次钢管。后来轮到小春了，他不慌不忙地走到线跟前，瞅准立在2米外的钢管，将玻璃球一颗一颗地投掷出去。令人意想不到的是：他居然一共掷准了七下！

这让店主和另外两个小男孩儿感到十分惊诧：这种几乎完全靠运气的游戏，好运气怎么会一连在他头上降临七次？

店主说：“恭喜你，孩子，最后的胜者当然是你，可是你能告诉我，你胜出的诀窍是什么吗？”

小春眨了眨眼睛说：“本来这个比赛是完全靠运气的，不是吗？但为了能得到这份儿工作，我昨天一晚上没睡觉，都在练习投掷。所以才能打败其他竞争对手，取得最后的胜利。”

试想，如果小春不是牺牲了一晚上的睡眠时间而苦练投掷，他如何能战胜其他竞争对手，而最终胜出呢？他又如何能获得好运气的眷顾呢？

我们每个人的智力、个性、悟性等都有很大的不同，但并不是说是天才就一定会成功，是普通人就一定不能成功。重要的是把自己的心力和智慧集中在一点，找到走向辉煌目标的突破点，这才是至关重要的。正所谓一招儿鲜吃遍天，如果三心二意，一心多用，这也想干，那也想得，其结果势必是什么也得不到。

一个人具有竞争力，就不会被社会所淘汰；一个公司具有竞争力，业绩就能蒸蒸日上；一个国家具有竞争力，就能在世界舞台上扬眉吐气。竞争力不是以打倒别人为目的，而是要自动自发地培养自己的实力，努力在实践中增强自己的才干，锤炼自己的意志。竞争不是你死我活，唯有良性的竞争，才是进步的动力和源泉。

树立正确的竞争意识

当今社会，竞争无处不在，职场上的竞争更是愈演愈烈。从进入职场上的第一天起，我们就生活在各种各样的竞争之中。有竞争，有对手，人们才能努力去奋斗。许多成功人士，无一不是具有强烈的竞争意识。

比尔·盖茨是一个竞争意识非常强烈的人，对于别人来讲，他是一个强劲的竞争对手。而且他也毫不掩饰自己的竞争意识，经常在公开场合扬言要击垮竞争对手。

松下公司的创始人松下幸之助认为，无论政治领域还是商业领域，都因比较而产生督促的力量，一定要有竞争意识，才能完全地发挥出自己的潜力。

但是，需要注意的是，一定要树立正确的竞争意识。要堂堂正正、光明正大地和别人去竞争，如果想通过搞歪门邪道、使点儿“阴招儿”把别人挤垮，那么到头来只会是搬起石头砸自己的脚，不会有什么好结果。

小孙和小马是一对儿十分要好的朋友，他们在一家公司里的同一部门工作。因为部门主管升迁，公司准备在部门里选拔一个新的主管。消息传开后，大家都闻风而动，希望自己能入选。后来传来内部消息：老板主要在考查小孙和小马，他们俩的能力都很突出，尤其是小孙，办事能力强，为人也不错。

小马得知小孙就是自己的竞争对手后，就暗下决心，想把小孙排挤掉。但他也明白，如果堂堂正正地竞争，自己并没有胜算的机会。于是，他就四处活动，在上司面前极尽“献媚”之能事，除夸大自己的能力外，还处处给老板一个暗示——小孙有许多缺点，他不适合这份儿工作。在小马的“积极”活动下，他终于把小孙挤了出去。但是当他坐到那个梦寐以求的位子上时才发现，他根本就不是胜利者，多数人对他嗤之以鼻，他的工作无法顺利开展，而且每次面对小孙，他都心怀愧疚。仅仅过了半年，由于工作没有成效，他就被免职了。

竞争是当今社会的主旋律，无论对于企业还是职场人士来说，适当的竞争都是必不可少的。竞争能够促使企业、个人快速成长和成熟起来，但我们一定要树立正确的竞争意识，学会正确地对待自己的竞争对手，不要把竞争对手看作是“敌人”，甚至想和对方拼个你死我活。我们要抱着向对手学习的心态，要善于学习对手的长处来弥补自己的短处。欣赏和学习对手的优点，会让我们变得更强大，同时也有利于拓宽自己的事业之路。

大卫生活在美国西部的一个小镇上，他在小镇上开着一家杂货铺。这个铺子是从他爷爷手里传过来的，爷爷传给了爸爸，爸爸又传给了他。大卫很会做生意，他的商品质量好而且价格公道，因此在小镇上远近闻名，小镇上的人们很信赖他，生意一直很好。大卫的儿子也十七八岁了，小铺子就要有新的接班人了。

但是，最近大卫遇到了一件很大的麻烦事。有一天，一个外乡人笑容可掬地来拜访大卫，他说想买下这个铺子，请大卫自己定个价钱。

可是大卫怎么舍得呢？即便出双倍的价钱他也不能卖呀！这可是祖上传下的基业啊！它是事业，是遗产，这里凝聚了大卫太多的心血和汗水了。

可是外乡人却显得很不以为然。他笑嘻嘻地说：“真抱歉，我确实想在这个小镇开个铺子，我已选定街对面那幢空房子，粉刷一番，弄个漂漂亮亮的，再进些上好的货物，卖得便宜一些。你能竞争得过我吗？到那时你恐怕就没生意了！”

接下来几天，每天大卫都看见街对面的空房里有很多干活儿的人在进进出出，又是粉刷墙壁又是做柜台的，忙得不亦乐乎。

看到这些他真是心急如焚，不知道该怎么办。最后他只能无可奈何地在自家店门上贴了张告示：敝店系祖传老店，价格公道，服务上乘，欢迎惠顾。

小镇上的人们看到这张告示都哧哧暗笑。

街对面的新店开业前一天，大卫在自己的店里坐立不安。他真想把对手痛骂一顿，以解心头之恨。

这时，大卫的妻子走了过来，声音低低地说："大卫，你是不是很烦，巴不得把对面那房子放火烧掉，对吧？"

"是巴不得！"大卫简直在咬牙切齿，"烧了有什么不好？"

"烧也没用，人家入了保险。再说，这样想也太缺德了。"

"那你说我该怎么想？"大卫没好气地说。

"亲爱的，心胸放宽广点儿吧，你去为他们祝福吧！"

"祝福大火来烧？"

"你总说自己是个宽厚之人，大卫，怎么一碰到关乎自己切身利益的事就犯糊涂了呢。你该怎么做自己不清楚吗？你应该去为他们送上祝福，祝福他们新店开业，祝福它能生意兴隆。"

"你脑袋有病吧，珍妮。"

话虽这么说，大卫还是听从了妻子的话，决定去一次。

第二天早晨新店还没开门，全镇人已等在外边。大家看着正门上方赫然写着"新新百货店"几个金字，都想进去一睹为快。大卫也挤在人堆里，他高兴地跨到台阶上大声说：

"外乡老弟，恭喜新店今天开业，祝你生意兴隆，财源茂盛，这是全镇人的福音啊！"

他刚说完便传来了一阵热烈的掌声，全镇人都围上来簇拥着他，还把他举了起来。大家跟他进店参观。大家都关心商品的价格，大家看了都觉得很公道。那外乡老板笑嘻嘻地牵着大卫的手，两个生意人热情地攀谈着，像是久别的老朋友一般。

后来，两家铺子生意都变得很兴隆，两家竞争对手互相学习，取长补短，生意越做越好了。

真正要做成大事的人，总是把对手当作自己的伙伴，在竞争中提高自己的能力和增加了智慧。你的对手不仅是敌人，也是学习的对象。学会欣赏你的对手，向你的对手学习，你们会携手走向辉煌，而互相拆台只会令双方两败俱伤。

“物竞天择，适者生存。”竞争已经渗透到了我们生活的方方面面，更成了职场上的一种常态。积极主动地参与竞争会使竞争者时刻都处于一种积极进取的状态。积极的心态使一个优秀的员工在面对竞争时，能以发展的姿态来应对竞争，在竞争中不断地发现自己的不足，努力提高自我，为自己创造更好的发展空间。

在竞争中学会合作

团队精神是团队成员为了团队的利益和目标而相互协作、尽职尽责的作风，是高绩效团队必备的一种特质。一个成功的团队，应该是一个有机的、协调的并且有章可循的、结构合理的整体。

很多大型的知名企业都非常重视团队精神，没有团队精神的人是注定不受它们青睐的。因为这些优秀的企业深知，一个没有团队精神的员工，只会阻碍公司的发展。

作为高科技行业，IT 行业始终保持着迅速发展的势头，人才的需求呈现大幅上涨的趋势，但这些企业对人才的筛选是十分严格的。个性过于鲜明、明显缺乏团队合作精神的人往往让 IT 企业退避三舍。

在《中国 IT 从业人员心理特征研究报告》中，将沟通与团队合作能力列在了 IT 行业从业人员应具备的 12 种职业核心素质的首位，可见企业对员工的团队合作能力的重视程度有多高。

中国 IT 业近年来的迅猛发展是人所共知的，2006 年我国软件业总体规模达到 3000 亿元，并以 30% 的年增速高速增长，高于同期的 GDP 增速。但专家指出，我国 IT 业现在仍处于成长期，要到 2010 年以后才逐渐步入成熟阶段，在这个过程当中，软件业有巨大的市场潜力可以挖掘。

毋庸置疑，我国 IT 业存在着巨大的人才需求空间，但是企业对于人才有着自己的评价标准，对于应聘者的考核非常严格，有时候甚至相当苛刻。

东方标准人才服务有限公司与华南师范大学人才测评研究所对北

京、上海、杭州、大连、广州5个城市的500多家IT企业进行深入的调查研究后，共同完成了《中国IT从业人员心理特征研究报告》。该报告将IT行业从业人员按照岗位特征、职责和要求划分为四类岗位：管理类、销售类、技术支持类和研发类，并以之为基础，通过国际最先进的胜任素质模型建构方法进行分析，总结出IT行业职业核心素质和岗位核心素质。

研究结果显示，IT行业从业人员应具备12种职业核心素质，根据重要性排序依次为：沟通能力、团队合作能力、学习能力、责任感、问题解决能力、诚信、主动性、理解能力、应变能力、抗挫抗压能力、踏实、大局观。但是这些职业核心素质在管理类、销售类、技术支持类和研发类的岗位素质要求中所占的比重却不尽相同。例如，对管理类人员而言，沟通能力、责任感、学习能力和团队合作能力等最重要；而销售类人员则在沟通能力、问题解决能力、主动性和诚信等方面要求较高；技术支持类人员则看重学习能力、责任感、团队合作和沟通能力等；研发类人员则在团队合作、学习能力、责任感和问题解决能力方面更重要。

从各企业的招聘情况来看，企业对IT人才的团队合作能力十分青睐，上述报告则将沟通与团队合作能力列在了最前列，即使是第三和第四种能力——学习能力与责任感，也都与团队合作能力密不可分，这无疑给向往从事IT行业的人们传达了一个鲜明的信息：IT人的自我修炼，应该从团队做起。

一个人可以凭借自己的能力取得一定的成就，但如果把自己的能力与别人的能力结合起来，就会取得更大的令人意想不到的成就。

一加一等于二，这是人人都知道的算术题，可用在人与人的团结合作上，那就不再是一加一等于二了，而可能是等于三、等于四、等于五，合作就会产生更强的力量，这是非常浅显的道理。

麦肯锡咨询公司的人力资源经理曾说过这样一件事：他们在招聘人员时，一位履历和表现都很突出的女性一路过关斩将，在最后一轮小组面试中，她伶牙俐齿，抢着发言，在她咄咄逼人的气势下，小组中其他人几乎连说话的机会都没有。但最后，她却没有被录用。人力资源部经理认为，这名应聘者尽管个人能力超群，但明显缺乏团队合作精神，招这样的员工对企业的长远发展是很不利的。

大家都知道，一个成功的团队，应该是一个有机的、协调的并且有章可循的结构合理的整体。这个整体的能力并不是它的所属成员的能力的简单的算术和，而是一种不论在数量上还是在质量上都远远超出其每个成员的能力的新的力量。

当一项工作或任务远远超出个人的能力范围时，进行团队协作就势在必行。团队不仅能够完善和扩大个人的能力，还能够帮助成员更好地相互理解和沟通，把团队任务内化为自己的任务，这样的团队会战胜一切困难，赢得最终的胜利。而作为这样的团队成员也会在团队协作这个过程中迅速地成长起来。

一个企业的成功不是靠一个人或几个人能完成的，必须通过全体员工的努力。团队效应既可以发挥每个人的最佳效能，又可以产生最佳的群体效应。个体永远存在缺陷，而团队则可以创造完美。

每个部门、每个员工都应从公司的整体利益出发，善于进行换位思考，发现别人的长处，发现双方存在的共同点，取长补短，树立团队协作意识。同时，要不断培养作为企业员工的自豪感，让员工深刻体会到在这个集体中凭借着共同的努力可以战胜所有的困难，去实现员工自己的人生价值。

事实证明，企业靠单打独斗就想干大事情的想法是不现实的，也是不受欢迎的。因为所有的公司都一致认定，一个人即使再优秀，如果他不具备团队精神，那么也不会录用他。

一家世界500强企业在招聘高层管理人员时，有9名优秀的应聘者经过初试从上百人中脱颖而出，进入了由公司总裁亲自把关的复试。总裁看过这9人详细的资料和初试成绩后，相当满意。但此次招聘只录取3人。所以，总裁给大家出了最后一道题。

总裁把这9个人随机分成甲、乙、丙三组，指定甲组的3个人去调查本市婴儿用品市场；乙组的3个人去调查妇女用品市场；丙组的3个人去调查老年人用品市场。

总裁解释说："我们录取的人是负责开发市场的，所以，你们必须对市场有敏锐的观察力。让大家调查这些行业，是想看看大家对一个新行业的适应能力。每个小组的成员务必全力以赴！"临走的时候，总裁还补充说："为避免大家盲目开展调查，我已经叫秘书准备了一份相关行业的资料，走的时候自己到秘书那里去取。"

两天后，9个人都把自己的市场分析报告送到了总裁那里。总裁看完后，站起身来，走向丙组的3个人，分别与之一一握手，并祝贺道："恭喜3位，你们已经被本公司录取了！"然后，总裁看见大家疑惑的表情，呵呵一笑，说："请大家打开我叫秘书给你们的资料，互相看看吧。"

原来，每个人得到的资料都不一样，甲组的3个人得到的分别是本市婴儿用品市场过去、现在和将来的分析，其他三组也类似。

总裁说："丙组的3个人很聪明，互相借用了对方的资料，补充完善了自己的分析报告。而甲、乙两组的6个人却各行其是，抛开队友，自己做自己的。我出这样一个题目，其实最主要的目的，是想看看大家的团队合作意识。甲、乙两组失败的原因在于，他们没有合作，忽视了队友的存在！大家要明白，团队合作精神才是现代企业成功的保障！"

可以说，团队精神是企业成功的要诀之一，也是企业选择员工的标准之一，一个公司政策的延续性和它的团队精神密不可分。同时，员工的团队精神是否能得到发扬，是影响工作成果的最为重要的因素。

著名的《华尔街日报》和哈里斯互动公司曾做过一项联合调查，结果显示，美国公司在招聘企业管理专业的毕业生时，最重视的特质是团队合作的能力和处理人际关系的技巧。可见，企业是多么重视员工的团队合作精神。

在竞争中实现“双赢”

人生犹如战场，但人生又不同于战场。战场上一方不消灭另一方就会被另一方消灭，而人生赛场不一定如此。职场上为什么非得争个鱼死网破、两败俱伤呢？

在职场中，个人与个人、个人与集体之间相互依存，共生共荣。竞争是必要的，但“你死我活”的竞争方法，于人于己均无好处。既然如此，为什么不采用“双赢”战略呢？所谓“双赢”，简言之就是利人利己。损人利己的行为是不可取的，更是一种不道德的行为。

只有“利人利己”才能让自己和他人共同进步，共同取得成功，因此，我们把它称为“双赢”。

你得利，也让别人得利，这种“双方都能获得利益的双赢”，大家何乐而不为呢？

小陈毕业于某大学市场营销专业。毕业后就去了一家公司做起了销售工作。由于刚出校门，没有工作经验，他总是虚心地向公司的老销售人员请教，还买来很多销售方面的书籍，业余时间细细研读，摸索和总结经验。不仅如此，他在工作中也十分勤奋，认真。每天都去拜访客户，不厌其烦地向客户介绍、讲解公司的产品。遭受白眼和冷遇是经常的事，但他从不放在心上。和他同时进公司的几个销售人员由于不堪工作的压力都相继辞职了，但小陈从没有产生过退却的念头。还是一如既往地坚持自己的初衷，他坚信只要自己努力工作就一定会出成果。功夫不负有心人，在做了一年多的销售工作之后，小陈终于取得了不小的成绩，接连为公司赢得了几个大客户。单子也一笔接一笔地签了下来。

由于小陈工作努力、业绩突出，不久就升任为分公司的主管。当时，总公司下边有很多分公司。各个分公司之间都在明争暗斗，大家都想在竞争中获胜，成为业绩最突出的团队。小陈并没有这样的想法。他没有把自己仅仅定位在分公司的主管上。他想，如果我是公司总裁的话，那我肯定希望所有分公司的业绩都很出色，所以他毫不保留地将自己的成功经验和盘托出，介绍给其他有竞争关系的分公司的主管们。

表面上看起来，小陈好像“很傻”，自己辛辛苦苦取得的成功经验怎么能转眼就送给别人呢。其实，后来的事实证明，小陈是有大智慧的人。不久，在小陈的帮助下，小陈的上司，也就是公司的副总经理得到了提升，因此这个位置也就空了下来，就这样，小陈很快就被提升为公司的副总经理，又一次实现了职场上的完美跨越。

当你与别人合作时，你也应该采用“双赢”的竞争策略，这绝对不是看轻你的实力，而是为了现实的需要。任何“单赢”的策略对你都是不利的，因为它必然会导致失败的结果。

除非对方是个软弱无能的人，否则你在与对方进行竞争的过程当中，必定会付出很大的心思，而当你打倒对方获得胜利时，你或许已经疲惫不堪，甚至所得的还不足以补偿你的损失。

人类社会是复杂多变的，没有永远的胜利者，如果你总是有那种独占的心理，必然会招致祸患，使你的身边危机四伏。在进行争斗的过程当中，也有可能会有意外的情况，而这意外的情况会使本是强者的你发生微妙的变化，使你反胜为败！

史蒂芬·柯维在他的著作《实践七个习惯》中分析道：双赢思维是一种基于互敬、寻求互惠互利的思考和心智的框架，目的是获得更多的机会、财富及资源，而不是基于资源不足的敌对式竞争。双赢既非损人利己（我赢你输），亦非损己利人（我输你赢）。我们的工作伙伴及家庭成员要从相互依存的角度来寻求解决方案。双赢思维鼓励我们解决问题，并协助个人找到互惠互利的解决办法，是资讯、力量、认可及报酬的分享，利人利己者把生活看作是一个合作的舞台，而不是一个角斗场。一般人看事情总是习惯于用二分法：非强即弱，非胜即败。其实世界之大，人人都有足够的立足空间，他人之得不必视为自己之所失。这番话将“双赢”思维分析得极为透彻。

有一个果农，无意中得到了一种神奇的果树种子，结出来的果实皮薄、肉厚、甘甜而又不招害虫，在收获的季节，他的果子引来不少果商购买，这让他狠狠地赚了一笔。同乡们羡慕他的成功，于是纷纷向他“取经”，也想靠果树发家，希望果农能告诉他们种子的来源，带领大家一起致富。果农想了想没答应，他的想法是，种子是我好不容易弄到的，都告诉了你们我靠什么赚钱，还是独享比较好。同乡们没办法，只好去买其他的种子种果树。那个果农起初的几年凭借着自己的新果子着实发了财。可是过了几年，等他的同乡们的果树长成、收获时，他的果子质量却大大下降了，再也没人买了。他百思不得其解，打折处理完果子后，就去省城请教专家。专家告诉他，你的同乡们种的都是旧品种，只有你种的是新品种，果树开花时，蜂蜜、蝴蝶通过风传递花粉，把旧品种的花粉带到了你的果树上，所以你的果子质量就下降了。“那有什么解决的办法吗？”“事情很简单，告诉大家种子的来源，让大家都种。”果农也想通了，于是照做了。再到收获的季节时，果农和他的同乡们都获得了大丰收，果子也卖了个好价钱，大家都欣喜不已。

在这个故事里，果农起初只考虑自己的利益，不肯给乡亲们提供新品种的来源，却没想到只是享受了短暂的几年，就面临了几乎灾难性的后果。这说明，一个人如果一味地自私自利，也许暂时会得到一些好处，但从长远的角度来看是得不偿失的。

因此，无论从哪一个角度来看，那种在竞争中想与别人拼个你死我活的思维方式于人于己都是不利的。因此，你应该学会运用“双赢”

的策略，使彼此相互依存，共存共荣。

真正的智者懂得，面对利益时与其独吞，不如共享，注重彼此融洽与互助合作才是明智之选择。

想独自获利是一种贪婪，而双赢就是一种策略，是一种明智之举，是一种美德，是一种境界，是一种收获。

Part 09
第九章

理智对待生活，牢牢抓住幸福

在错综复杂的生活中，能够保持一个冷静的头脑，理智地做出判断，不因一时冲动影响你的决策，不因感情用事阻碍你的行动，那么，你就是一个成熟而快乐的人。

幸福需要自己来定义

不管你信不信，你的幸福，需要由你自己来定义。

男人对让他心动的女人说："我想以 ×× 为职，这样就足够可以保证你和我们未来的孩子衣食无忧，远景也会更好，希望你与我共同努力。"

女人想，我这辈子最渴望的幸福就是这个样子，于是她放下自己所有的梦想追随他。多年后，她才发现自己当初的选择只是当他生命棋局中的"皇后棋子"，属于她自己的幸福早就随风而去了。

任何人对幸福的定义都是不同的。

有的人认为，幸福就是沐浴爱情；有的人认为，幸福就是达成自己既定的理想需要；有的人认为，幸福只是平淡的生活，不在乎你完成什么事，也不关乎你和什么人在一起。总之，幸福在不同的人眼中是不一样的。

那年，她住台中，而她住台北。住在台北的她因为工作的缘故风尘仆仆地南下台中，这样她和她在一个城市里生活了一个月。

台中的她热情地款待了来自台北的她，她也接受了她春风般和煦的友谊。

那时她们两人还年轻，都带着相同的青涩，试探未来的路。

几年后，台中的她前往英国学到台湾未有的糖雕花艺，台北的她则到美国取得了岛内风气未开的心理学学士学位。前者仍然形单影只，后者却已经成为 3 个孩子的母亲。

因缘际会，她们又相聚于台中。再次的重逢，使她们彼此看到对方身上的色泽。

“我很佩服你，从你们夫妻身上看到的竟是幽默，尽管你们生活中的压力很大，面对过很多考验和挑战。”单身的她说。

“我也很佩服你，即使面临着长辈和亲朋挚友催促结婚的压力，仍然能坚持追求自己的生活和完成自己的理想。”已婚的她回答。

“其实我很渴望结婚，但缘分未到，也急不来吧？”她笑笑，不含一丝无奈或遗憾。

“趁着单身尽情追求梦想并没什么不好，总有一天你会找到适合的人，到时候狠打他一顿，问他这么多年都干吗去了？”她全力支持着她，但并不艳羡她的自由和无牵无挂。

她们各有各自的理想：一个梦想能展现自己的好手艺，一辈子都来经营糖花；一个梦想能在心理学领域占据一席之地，终生从事心理咨询。

在她们的心中，婚姻是生命里的一个必经过程，美丽而充实——让人忙碌，让生活增添风险，却也换来忠实的爱人、温暖的依赖与可爱漂亮的子女。

大概是“婚姻是爱情的坟墓”这句话听久了，许多人都害怕婚姻会绑住自己，迟迟不敢走进婚姻的殿堂。

对许多女人而言，结婚就意味着放弃自己的事业，一心一意，全力地经营家庭和教育子女，能不能重回社会就要看天时、地利与人和了；然而，结婚对很多男人来说却是永远地抛却自己的自由，从此只能当牛做马，供给全家人的各种需求。

伴随婚姻而来的这种限制与责任她们有同样的担心，但她们有决心和信念，她们的渴想深切而又真实——除非找到有相同执着于共同理想的人，否则，就不会轻易地挂上妻子与母亲的头衔。本来，婚姻就是为了让夫妻双方相互辅助，都能借此飞得更高、看得更远。

如果走入婚姻仅仅是为了尽职、为了走过一个无奈的繁衍后代的生活，那么上苍赏给人类这美丽的礼物也就被错待了。

幸福对于她们来说，不是生活的全部，是和心意相通的人一起追寻心中的理想——就算对方不会一起，她们也知道自己该飞向哪里。

她们又一起在台中待了两年的时光。之后已婚的她带着对梦想的傻气的执着，同先生偕同着孩子飞到美国中部继续攻读硕士学位；单身的她在岛内正面临着不景气的台湾经济，知道自己已不可能为新进的花艺打下一片天地，便斩钉截铁、当机立断地只身到美国西部开创新的人生。

她们的过程并非一帆风顺，反对的人也很多。曾有人告诫已婚的她不要做遥不可及的梦。只是她知道理想是可以让梦变得踏实的，不采取行动才会让它变得遥不可及。也有人曾苦口婆心地劝单身一人的她，应该安心地准备嫁人，免得愈飞愈远，从而与幸福擦肩而过。但她却深信——只要是理想所在的地方，幸福就会在不远的前方等待着自己。

不是她们非要追逐那些不同寻常的幸福，是因为在实践人生理想的同时，幸福与快乐也不过是会牢牢伴随着的副产品而已。

一同到美国的她们，始终没有机会见面。数月后，一通越洋电话使她们找到了彼此在台中的熟稔，在一起互相取笑对方的“憨大”，却也都对彼此的坚持钦佩不已。

她，依旧干练洒脱；她，依旧追求超凡。她们同病相怜、惺惺相惜，互相祝福对方要继续“幸福下去”。那么你的幸福呢？同样也需要由你自己来定义。

勇敢尝试，有些事没那么难

当你遇到山不转路转的时候，一定要记得“尝尝也无妨”。

人不可能一辈子都守着存有成见或既定的生活模式；对于不认识或毫不在意的事物，不能存在总会有人去处理的侥幸心理。毕竟，人生是“无常”的，它往往比我们想象得还要复杂很多。

很久以前，一个朋友到南部做教会的义工。当她到达被指派服务的地点时，伙伴出来迎接，领她走进一栋空旷的旧公寓，带着忸怩又坚定的笑脸对她说：“义工就是要进行辛苦工作，不过，其实我们需要一些男士的帮忙。”

她花了些时间终于领悟到她话中的含义——室内的灯坏了好几盏；厕所的灯也不亮，洗澡时得“借光”；马桶必须手冲，而且还不通；莲蓬头不能喷水；热水器还在漏水。

“我们不能找人修理后再报账吗？”朋友甚为不解。

“可以是可以，不过我们没空儿。”她的伙伴摇摇头，又露出忸怩却坚定的笑脸，“不要紧，慢慢就会习惯的，义工就是要辛苦地工作。”

整整熬了一周，终于到了休息日，朋友发疯了似的将家里所有“报废”的东西检查了一遍。

她有经验才怪！在家里她可是千金大小姐，洗衣服或煮东西都不会，仅仅秉持一份儿“试试无妨”的精神——谁说脏活累活只能由男人来干？她相信人绝对有能力改善自己的生活环境，没有人注定该过“辛劳的生活”这样的日子的！

过了一周又一周后，室内的灯终于一一亮起，马桶开始能冲水了，莲蓬头也可以用了，厕所有了光明，热水器的漏水问题后来终于在一次“大爆炸事件”之后找工人换新，所幸无人员伤亡。

面对焕然一新的旧公寓，她终于体会到人适应环境的能力远在我们想象之上这个道理。有时候仅仅需要抛开一些小成见，做些不同的尝试与调整，结果可能会远远超出我们的想象。

另一位朋友曾经带着孩子赴美留学，住进学校预备的夫妻公寓。

20平方米的长方形空间，住着两个大人外加一个3岁大的女儿，一头是卧室兼客厅，另一头是厨房和浴室。除了从台湾带去的一些小厨具和公寓里简朴的家具外，几乎可以说是家徒四壁了。

“这种地方能住下去吗？”这是妻子的第一句话。夫妻两人对望一眼，接下来的日子可难了。

想购买家具怕钱不够，而且现在花钱买家具几年后念完书又不好处理。于是夫妻两人开始到处要纸箱、捡褴褛，几天后，终于齐心协力地完成生平第一个自制的书橱和鞋柜。

买来的二手车又小又破旧，冷气早就不工作了，开车非得开窗不可，只有这样吹进来的风才不会感觉那么闷热。车顶布的两角都垂了下来，开车时会有莫名其妙的细屑剥落，眼睛都睁不开。

“我向你保证我不可能会适应这台车。”妻子抱着女儿坐在后座，抖落着满头满脸的灰屑对先生说，“我们最好考虑换台车。”

好心的当地朋友送他们一台早就闲置的老电视机，屏幕只有10英寸，几十年没看过这么小的屏幕，里面的人小到快看不清五官。

“不会。”妻子大大地摇头说，“绝对没可能习惯。”

第一个学期过去了，同学到他们家来玩儿，看到他们家里的日用品都啧啧称奇，从来没见过哪个家庭里有这么多自制的玩意儿，整个家就像环保（说明白点儿是废料利用）展示场:“你们怎么会那么惨哪？整个校园找不出第二家和你们家一样的了。”

“惨？”回答的居然是妻子，“不会呀，习惯了耶！该有的都有了，我倒认为我们很有创意哦！”

在生活中，我们一般会毫不思索地对那些不习惯的事感到排斥——尤其是要适应改变，必须调整对自己的期望或是对事情的看法时。然而，像前面所讲到的那样，人生的“无常”一般是比我们所能想象的还多的，所以我们不妨持着“试试无妨”的精神，没准儿人生会获得新的转机。没有人规定男人一定得如何，或是女人一定得如何；没有任何法律条文规定什么样的生活模式才算是正常的；更没有任何智者定下所谓的成功准则或步骤，所有的这一切都是有待我们去开发，每个人都有可能找到属于自己的、不同凡响的生活模式。

你能适应的东西还有很多，你能突破的成见也还有很多，你能看到的天空还可以比现在更宽阔、更美好，只要你试着走出那个为自己画好的那个“不可能”“做不来”的圈子，就会发现一切其实并没有想象中的那么难。

别让感情影响你的决定

当“人言可畏”的势力不能再对个体的决定产生影响时，我们将会发现，在绝大部分人的心中都储藏着无穷无尽的潜力，靠不断的努力与坚定的自信，终将有一日会成为饱满且令人惊叹的圆。

她三十多岁的时候决定去美国读硕士，亲朋挚友当即劝她，女人的天职是结婚、相夫教子，切莫让高学历成为将来追求幸福的阻碍力量。她深思熟虑，决定抛却追求理想。

与此同时，另一位小她几岁的朋友也决定要去美国念书，同样遭到亲朋挚友反对的她却只是笑笑：“该是我的，就是我的。或许我可以因为这样做而找到志同道合的对象。至少，这几年我学了我想学的东西，将来也了无遗憾。”

两年后，这位朋友在异乡真的找到了志同道合的对象，两人幸福地回到台湾结婚，然后再回美国一起念书。

当年选择留在台湾的她，心里满是失落。白白用掉两年的等待。她突然觉得假如自己曾大胆勇敢地去尝试一下该多好。

在我们身旁经常充斥着很多善意的忠告，虽然这些忠告对我们而言都是非常好的提醒，但它并不代表完全准确或适合我们自己。我们如果不为自己谨慎抉择，就很有可能会走上被人摆布的命运之路。

还有一位朋友，在前阵子台湾失业潮引起恐慌时，不顾亲朋挚友的劝阻，毅然辞去了他厌烦多年的工作。这个决定引起了旁人的极大反响，大家联合起来指责他不懂得为未来着想。在这一职难求的时期，有个烂饭碗总比没有的好，于是，他们推荐他去做一些在他看来更加糟糕的工作。

“我自己的人生，我想要怎么做就怎么做，你们凭什么管我？”他说。

“我们是关心你，才会给你一些建议。”家人和朋友都这么回答他。

“既然是建议，就是仅供参考而已，为什么我不照着做，你们会这么气愤？”

家人和朋友支支吾吾：“可，可是你这么做会犯错误。”

“怎么犯错误？”他问，“我这么做难道犯法了吗？”

“这么做，是不明智的。”他们答。

“假如我不久又找到一份儿工作，而且比此前的更好，你们还会说我没智慧吗？”

“这样做是相当冒险的事情。”

“既然是冒险，就是机会问题，和我智不智慧又有什么关系呢？”他又问。

“假如你是智慧的，就不该冒险。”

“如果我新的工作比旧的更好，薪水比以前还高呢？”

“那就能证明你真的既智慧又厉害，但那是不太可能会发生的。”他们说。

“无论有没有可能发生，守着我不喜欢的工作都只能表示我不够智慧，和选择跳槽到我更喜欢的工作来比，后者更能证实我既智慧又厉害。”

他的家人和朋友被他驳得无话可说。

一个月后，他达成心愿，来到更好的新公司上班。

另一个朋友在年近三十岁时，决定偕同妻子和孩子去美国念书。

一位热心的朋友立刻打电话给他妻子：“你怎么也不劝劝你老公，不要让他想太多啦！给他先找一个工作，朝九晚五，生活不乱，机会很难得啊！”

“这是他的理想，我没有任何意见。况且念书也不是什么坏事……”

“念书？还念什么书？没人会这样啦！还是快点儿去找个‘正常’的工作，让生活不乱吧！”朋友苦口婆心地劝道。

“想工作一生有的是时间，还会做不够吗？趁着年轻多做些自己喜欢的事，有什么不好，又有什么不行呢？”她反问。

朋友并不是唯一要阻止他们的人，更多的人则是以看笑话的心态预言他们就算“学成回来”，也会因为所修的专业爆冷而无法找到工作。

在人的一生中，许多事并不只是单纯的长短题，也不是既有的看法与做法才是最准确的。

在我们身边，不乏经常有人“建议”我们该怎么做才符合传统，才能与其他人一样不偏离轨道。和人们争论该做什么或不该做什么会很累，多一点儿人情味的地方也会多一点儿人情压力。

既然无法阻止别人以挑剔的眼光去评断我们的决定，那么我们至少得小心别让随意的忠告左右了自己的命运——如果太在意别人口中那些所谓的准确的条条框框，就会忘了框框以外，无穷无尽的机会和美好正有待我们拾取。

要相信我们体内都储藏着无穷的潜力，只要我们坚持不懈，不依附别人的价值生活，就能独立、快乐地度过一生。

有什么样的心态，就有什么样的生活状态

俗话说，心态决定状态，我们拥有什么样的心态就会拥有什么样的生活状态。生活状态不好，心态通常都是罪魁祸首，反之，如果一个人的心态不好，那么他的生活状态肯定也会不佳。在生活中，决定我们成算胜败的不是我们的技术水平，而是我们的心态。心态可分为积极和消极两种，消极在左，积极在右，选择权在你。

人到了某个阶段以后，就会对自己的生活本身开始不断地反思。

那些具有积极人生观的人，不管碰到任何事情，他们总能积极地应对；而那些具有消极人生观、极为世俗化的人，则会因无奈而变得更加消极，在他们眼中根本就没有好坏之分，见到好的他们不会太兴奋，碰到坏的他们也不会太过悲伤。好像一切在他们的生活中都失去了求索的意义。

英国有这样一句谚语：乐观者在一个灾害中看到的是一个希望；悲观者在一个希望中看到的则是一个灾害。面临半瓶酒，你会怎么想？是“糟糕，只剩下一半了”，还是“太好了，还有一半哦”；面临一束玫瑰花，你又会如何形容，是“花下全是刺”还是“刺上面全是花”？其实一个人遭遇什么样的人生境况并不可怕，关键是他对这种境况有着什么样的看法。

一个对生活怀有热情且抱有期望的人，总会积极地面对生活中的每一个状态。即使身陷困境，步履维艰，他也决不会放弃，更不会变得消沉、得过且过、灰心丧气。他会这样安慰自己：不要害怕，一切都会过去的，坚持一下状态就会有所改变。

悲观的心态总是很容易让自己陷入消极的状态中，特别是那些世俗心特别重的人，什么东西在他们眼中都变得充满功利和现实。正因如此，许多东西在他们眼中都失去了原有的味道。所以，不是葡萄太酸了，而是品尝葡萄的人已经不能够专心了。

有个花匠收获了满满一架葡萄。经由他多年精心的栽培，他的葡萄总是又大又甜。为了让别人和自己一起分享葡萄的滋味儿，他就抱着一串串葡萄站在家门口，让途经的人品尝。

一个富商路过，他连忙抱着葡萄走过去说：“你尝尝我的葡萄好不好？”富商吃了一个，觉得味道不错，就问他：“你的葡萄这么好，多少钱一斤啊？这么好的葡萄，贵点儿也没关系。”花匠说：“不要钱，我就想让你尝一尝，你觉得好可以拿去一些。”

富商有点儿不高兴了，说：“你为什么白给我葡萄吃呢？吃葡萄一定要给钱的，你给我拿两串吧，我回去慢慢品尝。”于是富商塞给花匠一笔钱，捧着葡萄走了。

花匠有点儿失落，这时一个官员走了过来，他又抱着葡萄过去，说：“你试试我的葡萄味道如何？”官员一尝，太好了，说：“你的葡萄味道真不错，给我拿几串。你要是有什么事求我就直接说，我不会白拿你葡萄的。”花匠说：“我没任何事求你啊，就是想让你尝尝我的葡萄味道怎么样。”官员一愣：“哦，你没事啊！那我怎么能白拿你的葡萄？”于是官员把葡萄放下，走了。

又过了一会儿，走过来一对儿很恩爱的小两口，花匠又赶忙抱着葡萄走了过去。花匠想，这个少妇一定会喜欢吃葡萄，就笑着对少妇说：“这是我种的葡萄，你试试味道如何？”她就拿了一串，吃过后嬉皮笑脸。这时，她丈夫不高兴了，瞪着眼睛问花匠：“你什么意思？”花匠一看情况不妙，回身就跑了。

其实，花匠就是想让他们一起分享葡萄的美味，遗憾的是，没有人理解花匠的。在富商眼中，花匠一定是为了利益才让自己吃他的葡萄；

在官员心中，花匠让他吃葡萄一定对自己有所求；漂亮女子的丈夫肯定认为花匠对自己的爱人没怀好意。

在生活中，许多人不都像他们一样吗？他们总是觉得别人的行为是带有目的的，没有毫无企图的行为。当一个人的世俗心太重时，许多事情便会在他眼前失去真实的面目，就好比带上了有色眼镜。

有怎样的心态，就有怎样的世界，你的心态将决定这个世界在你心中的颜色是明亮的还是灰暗的。许多时候，我们都会因生活状态不佳而常常诉苦。也许你会诉说自己糟糕的命运，也许你会感叹上天的不公，也许你会责怪自己总是不够专心。

然而，如果我们不能积极地调整自己的心态，那么不管我们在自己的现状中如何挣扎都将很难使其发生一丝改变。所谓状态不好，都是心态惹的祸。面临不佳的生活状况，我们需要做的就是尽快选择一种理想的心态。只有心态变好了、积极了，我们的生活状态才会有所起色，才会一点儿点儿好起来。

困扰我们的并不是问题本身

消极的心态如同一个放大镜，任何消极因素在它面前都会被无限地放大。所以在心态消极者看来，小难题也会形成很大的障碍。而且，他们还会对自己的能力产生怀疑，觉得自己根本没有能力将其突破。当他们患得患失、心存顾虑时，他们的所有经验和技巧都将会失去效用。

在生活中，困扰我们的也许并不是问题本身，许多时候都是消极心态在阻碍我们思路的突破。面临前途的不确定性和困惑时，消极心态的人内心会感到恐慌、退缩、担心，这些负面的心态会妨碍我们采取积极的措施，打破困境。

在问题面前，只要我们以积极的心态去面对，通常结果不会像我们想象的那般糟糕。不要认为问题太多、太大、太乱，更不能因此而迷失方向、阵脚大乱。问题永远都不会自动解除，所以我们最好抛却逃避的想法，不再听天由命。

只要敢于选择，主动权就在我们自己手中，即使结果很糟糕，只要我们拼搏了，我们就能问心无愧。而且，一般来说，积极的思索往往会产生积极的结果，如果思索过于消极，即便是碰到一点儿点儿障碍也会使我们觉得难以获得突破。因为真正困扰我们的往往不是问题本身，而是自己对问题的忧虑。

有这样一则故事：一位军阀每次处决死刑犯时，总会给出两种方式让犯人选择：一种方式是直接被枪毙，另一种方式是钻进墙中的一个黑洞，生死未卜。令人不解的是，几乎所有犯人都选择了一枪毙命。

可能对于死刑犯来说，对黑洞里未知的恐惧远远超过了死亡本身。

与其选择一个不知道藏着什么东西的黑洞，不如一枪毙命。这样反倒痛快、踏实些。

一天，该军阀与几个朋友一起饮酒，酒酣耳热之际，一个朋友壮着胆子问："大帅，您能不能告诉我们，从那个黑洞进去以后，里面到底有什么？"

军阀大笑，得意地说："其实里面什么都没有！在里面试探个一天半天就可以逃生了，可惜这些胆小鬼们，没有一个人敢拼一场。这样的胆子，死了也活该。"

在这个故事里，当死刑犯面临深不可测的黑洞时，他肯定会觉得反正横竖都是死，痛快酣畅的死比挣扎着死更惬意。

现实生活中，我们也很容易陷入这样的消极状态中。当面临恶劣的环境时，内心的惊恐会迅速膨胀，那时不管我们如何强迫自己冷静下来，紧张和慌乱依然还会如影随形，甚至自己连击败它们的勇气都没有。

在一本非常热销的《你在为谁工作》一书中，作者给我们讲述了一个非常耐人寻味的故事。故事内容如下：

杰克在一家商业公司工作了1年，因为不满意自己的工作，他曾愤愤地对朋友说："我在公司的工资是最低的，老板也不把我放在眼里，如果再这样下去，总有一天我要跟他拍桌子，然后辞职不干了！"

"那家商业公司的业务你都弄清楚了吗？做国际商业的窍门儿完全弄懂了吗？"他的朋友问道。

"还没有！"

"君子报仇十年不晚！我建议你先静下心来，认认真真地工作，把他们的一切商业技巧、贸易文书和公司组织完全搞懂，甚至包括如何书写合同等详细的细节都弄懂了之后，再一走了之，这样做岂不是既出了气，又有很多收获吗？"

杰克听从了朋友的建议，一改往日的散漫习惯，开始认认真真地工作起来，甚至在下班之后，还经常留在办公室里研究贸易文书的写法。

一年后，那位朋友偶然遇到他。

“你现在大概都学会了，可以预备拍桌子不干了吧？”

“可是我发现近半年来，老板开始对我刮目相看，最近更是对我委以重任，又升职、又加薪。说实话，不仅仅是老板，公司里的其他人也都开始敬重我了！”

这个故事，让我们明白了一个道理：老板没有晋升杰克的原因，不是老板不识千里马，而是杰克一直觉得自己就是千里马，老板却不是伯乐。当杰克韬光养晦、静下心来开始努力工作时，良好的表现很快就被老板看见了。

我再次强调一下，我们一定要认清困扰我们的并不是问题本身。

许多事情都是这样，当我们无法看清事实真相时，反而可以闯过许多灾难，然而，一旦看到一些表象，心态就会立马变得消极起来。此时就算有再多的人安慰，我们也会心怀惊恐，战战兢兢。假如在难题面前，我们的心态过于消极，那么任何突破都将不再成为可能了。

有一种神奇的气力叫“满怀热情”

有一种奇妙的气力，它能使每个生命充满活力与意义。这种气力就是我们对生活的热情。不管一个人在生活中曾经受到过怎样的打击，碰到过多少始料未及的挑战，热情会将一切都燃烧成生活中的奇迹。我们无须凭借死亡进入天堂，因为满怀热情的生活本身就是天堂。

你的心态将会决定你所面对的一切。

每个人对于生活都有自己的态度，对于那些身边正在发生的事情，每个人的理解也不尽相同。对生活充满热情的人，会用积极的心态去面临生活中产生的一切，而对生活悲观绝望的人，一切都将失去它们应有的色彩，就像灰色的影子笼罩在他的心头。

一位禅师说过：“我们不必借着死亡来进入天堂，我们必须用热情面临生活，这样才能让自己完整地活着。”热情的生活态度会使我们的人际关系变得真诚与亲密，会给我们的工作带来激情与活力，会让我们的内心更加清澈与明亮。

只要生活的热情一直在燃烧，那么终有一天新的开始会浮出水面。

当我们最重要的东西失去时，我们要保持热情；当感觉自己被爱人抛弃而魂不守舍时，我们依然需要持有热情；当感到希望覆灭时，我们仍旧要持有热情；当走上一条没有路标的道路，因辨不清方向而忧心忡忡时，我们仍需要持有热情。

热情会使我们困惑和受伤的心徐徐苏醒。

有这样一则故事：

在路边墙角处，有一个小蜘蛛正在使劲儿地往墙上爬，每次爬到

那块儿被雨淋湿的地方时，小蜘蛛就会从那里摔下来。然后，这个蜘蛛就又重新从墙角爬，可是每次结果都一样。如此一遍又一遍，循环往复，最后终于爬了上去。

有三个人先后看到了这个现象，他们各自都想到了自己的生活。

第一个人思索到：自己的整个人生不就和小蜘蛛一样嘛，爬上去又掉下来，反反复复，周而复始地努力着，结果却都徒劳无益。原来生活的内容就是在徒劳无益的忙碌中挥霍时间，打发无所作为的日子。

第二个人想道：蜘蛛就是蜘蛛，陷入了误区都不知道排解，为什么一定要从那块儿湿润的地方经过呢？假如绕过那片湿润的地方，不就能爬到更高的地方了吗？日后，我不能像这只蜘蛛一样，蛮干而不思考。我要让自己变得更智慧，碰到阻碍时必须绕行。

小蜘蛛的这种执着精神深深地打动了第三个人，他想：一个蜘蛛居然能够这样不屈不挠，自己作为一个人还有什么困难不能击败呢？我应该向这只蜘蛛学习，发愤图强，奋斗不息，当自己的潜能被完全激发出来时，一定会创造出自己的生活奇迹。

对同样的事情，不同的人会有完全不同的看法。在生活中，思路决定出路，态度决定方式。对生活的热情，决定我们生活的质量。生活态度是我们通过各种抉择产生的结果，我们可以扪心自问：我正处在怎样的阶段，要选择什么样的生活态度？要怎样决断自己的人生？

热情会让生命出现奇迹。不管任何时候、任何地点，我们都要对生活充满热情。

美好的时光正流连在我们身边，对生活缺乏热情的人来说，这一切似乎都是见怪不怪，视而不见。在那些压力沉重与忙碌不堪的日子里，我们好像不容易留意到生活的美好。我们老是将幸福的感觉寄存到将来，或埋藏到回忆中，而对于正在拥有的，我们却没有太多的珍惜。是否因为正拥有健康而觉得它无足轻重？是否认为爱人、孩子、挚友明天还会在，以后也会在，才不去珍惜他们？是否由于现实过于杂乱、琐碎，而不知道该如何珍惜？

热情的人会到处发现生活的奇迹。夜观星辰时，他会感觉心情清净和甜蜜；拥抱爱人时，他会感觉到彼此生命的温度；一天结束时，他会认为明天又是一个美好的新开始。

生活的奇迹发生在每一天，放下心中的烦恼与牵挂，热情地拥抱今天吧！追求让自己喜悦的事情吧！我们的心情会如朝露般清澈，如晨光般暖和。对生活的热情就存在于主动追求自己的幸福过程中，就存在于我们身边的日常琐事里。

绝望仍是希望，因人而异

与其对自己失望，倒不如许一个愿望。生活中永远没有绝路，即使走到了悬崖边，谁能保证跳下去之后不会出现柳暗花明呢？生活中最可怕的是失望，人生的路都是被自己堵死的。失望与希望只是一念之差，乐观的人会用微笑面对生活，让自己的心中怀有一个希望。

险阻的高山使人望而却步，漫漫的征途让人心生胆怯。难道真是高山的险阻、漫漫的征途将我们打垮了吗？

显然不是。许多时候，我们觉得自己因外因战败了，这里是因为我们的态度太消极，是消极、悲观的心态把我们击败了。

剑客最大的失败不是败给对手，而是在强大的对手面前忘了拔剑。在一个名副其实的剑客眼中，没有不可战胜的对手。也许他的剑技不能算是天下第一，但敢于向一切对手亮剑的勇气和精神，会让他们永不被征服。这也是《亮剑》这部电视剧之所以鼓舞人心的原因。

独立团团长李云龙有一句话常常放在嘴边：“古代剑客和高手狭路相逢，假如自己面临的是天下第一剑客，明知敌不过该怎么办？是回身逃走？还是求饶？亮剑，明知是死也要亮出自己的宝剑。即使倒在对手剑下也不难看，虽败犹荣。”

如同李小龙所说：“我不以为自己是第一，但我毫不以为自己是第二。”

在电视剧《贞观长歌》中，李世民在检阅飞虎军时也道出了这样的精神，他说：“现在，你们敢死的境界又向前迈出了一步，自己敢死更敢让别人死，一支敢死又敢让人别死的队伍必将天下无敌。”伟大的精神造就伟大的历史，人也要有点儿这种精神。在一个敢于挑战的人眼中，没有什么是不可能的。假如一个人拥有了这种积极的心态，他就会变得无往而不胜，永远不可能被击败；如果我们在难题、困惑面前乐观主动，相信没有什么障碍是不可以跨越的。

一旦我们变得积极主动起来，结果就会远远超出我们的想象，逃避只会让问题变得越来越严重。所谓逃避，就是把自己该干的事情，千方百计地推卸给他人，或避重就轻，甚至绕开问题而行。

逃避心理是人生中的大忌。逃避会使一个人对问题产生一种畏惧的心理，仅仅一个小问题，在他看来也会是无法克服的高山险阻。态度决定一切，主宰我们的不是外界的环境，而是自己内心的态度。

如果态度积极主动，那么我们的能力就可以突破从前，超常施展；反之，如果态度是消极被动的，我们的状况可能就会更糟糕。职场就是战场，那些得到老板欣赏并获得较好发展的人，并不是他拥有比别人更高的智商，而是他能将自己的能力施展到极致。

曾有两个兄弟，两个人相差无几，哥哥是一家公司的设计师，弟弟则是监狱里的阶下囚。一天，记者采访了做设计师的哥哥，问他成功有什么秘诀？哥哥说："我家在贫困地区，爸爸既赌博又酗酒，不务正业，妈妈又有精神病，我不努力能行吗？"

第二天，记者又采访了沦为阶下囚的弟弟，问他为什么会进监狱。弟弟说："我家住在贫困地区，爸爸既赌博又酗酒，不务正业，妈妈还有精神病。没人管我吃穿，经常吃不饱穿不暖，所以才会去偷抢。"

出身相同结果却不相同，而不同的结果又来自于不同的态度。泰国商人施利华，在商界是个响当当的风云人物，拥有亿万资产。但1997年的金融危机却使他破产了，在失败面前他只说了一句："好哇！又可以从头再来了！"他从容地加入街头小贩的队伍，卖起了三明治。一年后，他东山再起。

假如大海没有巨浪的翻腾，就会失去它的雄伟；假如沙漠失去了飞沙的狂舞，就会失去壮观的景象。人生的魅力所在并非是一帆风顺，而是面临问题时你表现出来的积极、乐观的态度。巴尔扎克说：“世界上的事情没有绝对的，结果因人而异。苦难对于天才是一块儿垫脚石，对能干的人是一笔财富，对于弱者则是一个万丈深渊。”在生活中，消极悲观的生活态度会让一个人变得颓废、毫无作为。而有了希望的期盼，我们才能有坚持下去的勇气。